Das lebende Lichtbild

Entwicklung, Wesen und Bedeutung des Kinematographen

Franz Paul Liesegang

Alpha Editions

This edition published in 2022

ISBN : 9789356709546

Design and Setting By
Alpha Editions
www.alphaedis.com
Email - info@alphaedis.com

Contents

Vorwort. - 1 -

Die Entwicklung des Kinematographen. - 3 -

Einleitung. - 3 -

Die Wunderscheibe und die Geschichte ihrer Erfindung. - 4 -

Das Lebensrad (Stroboskop, Phenakistiskop) - 5 -

Die Wundertrommel. - 7 -

Taschenkinematograph und Mutoskop. - 8 -

Verbindung von Lebensrad und Lichtbilderapparat. - 9 -

Die Anfänge der Bewegungsphotographie. - 11 -

Herstellung der ersten Reihenaufnahmen durch Muybridge. - 12 -

Förderung der Reihenphotographie durch Anschütz. - 13 -

Marey, der Begründer der modernen Kinematographie. - 15 -

Ausbau der modernen Kinematographie. - 18 -

Fußnoten: - 20 -

Wesen und Wirkungsweise des Kinematographen. - 21 -

Wirkungsweise des Aufnahmeapparates. - 21 -

Das Filmband und seine Fertigstellung - 22 -

Wirkungsweise des kinematographischen Wiedergabeapparates. - 24 -

Das Flimmern und die Mittel zur Behebung - 27 -

Konstruktion des Transport-Mechanismus. - 31 -

Die Malteserkreuz-Einrichtung - 32 -

Andere Bewegungsmechanismen. - 34 -

Kinematographen mit gleichmässig laufendem Filmband. - 35 -

Ausstattung des Kinematograph-Mechanismus - 36 -

Der Aufnahmeapparat. - 37 -
Fußnote: - 38 -
Das kinematographische Aufnahme-Verfahren. - 39 -
Wie man mit der Aufnahmekamera arbeitet. - 39 -
Aufnahmeateliers. - 39 -
Lebensgeschichte des Kinematographenfilm. - 40 -
Wie die Trickfilms hergestellt werden. - 44 -
Fußnoten: - 48 -
Die Bedeutung des Kinematographen. - 49 -
Der Kinematograph als Forscher und Lehrer. - 49 -
Macht der kinematographischen Darstellung. - 49 -
Das Kinematographen-Theater. - 50 -
Das Tonbild. - 50 -
Fehlerhafte Erscheinungen. - 51 -
Das lebende Lichtbild in Schule und Vortragssaal. - 52 -
Was es an lehrhaften Films gibt. - 53 -
Kinematographische Aufnahmen für Kunstschulen. - 54 -
Der Kinematographenfilm als geschichtliche Urkunde. - 54 -
Das lebende Lichtbild im Dienste der Reklame. - 55 -
Der Kinematograph in der Wissenschaft. - 55 -
Wirtschaftliche Bedeutung des Kinematographen. - 58 -

Vorwort.

Gelegentlich verschiedener kleinerer und größerer Vorträge, die ich über die Kinematographie hielt — auf der 80. Naturforscher-Versammlung in Cöln, in den Naturwissenschaftlichen Vereinen zu Düsseldorf und Krefeld, im Gewerbe-Verein zu Essen, auf dem 41. Verbandstag der Rheinisch-Westfälischen Bildungsvereine zu Wesel, im Künstlerverein Malkasten und in der Aula der Luisenschule zu Düsseldorf — machte ich die Beobachtung, daß in weiten Kreisen ein reges Interesse für dieses Gebiet herrscht. Und wer auch nur einmal die lebenden Lichtbilder gesehen hat und etwas Sinn für die »Natur der Dinge« besitzt, wird fragen: wie kommt die wunderbare Wirkung zustande, wer ist der Erfinder?

Der Gedanke, es möchten ihrer viele sein, die eine kurze Beantwortung dieser Frage wünschen, veranlaßte mich, den Inhalt meiner Vorträge, teilweise ergänzt, in vorliegender Schrift niederzulegen. Ich war mir dabei bewußt, daß hier die Aufgabe, den Gegenstand verständlich zu machen, ungleich schwieriger war: beim Vortrage konnte ich alles demonstrieren — ich konnte Wunderscheibe, Lebensrad, Projektionsmodell des Malteserkreuzes und Kinematograph selbst vorführen, während ich hier auf den toten Buchstaben und die flache Buchillustration angewiesen bin. Meinem Wunsche, wenigstens einiges Anschauungsmaterial beizugeben, kam nun der glückliche Umstand zu Hilfe, daß sich verschiedenes aus den Abbildungen selbst leicht herstellen läßt: der Leser braucht nur die Figuren der Tafel auszuschneiden und mit Schnur zu versehen bezw. anzuheften, dann hat er Wunderscheibe, Lebensrad und Malteserkreuz-Modell. Einen Taschenkinematograph stellt das Heft, so wie es ist, selbst dar. Außerdem ist ein kleines Stückchen Film beigefügt.

Bei dem kleinen Umfange der Schrift konnte nur ein gedrängter Überblick über das Gesamtgebiet der Kinematographie gegeben werden. Näheres über die Konstruktions-Anordnungen und über die technische Seite überhaupt findet man in meinem »Handbuch der praktischen Kinematographie«, während ich die Geschichte der Kinematographie in einer besonderen Arbeit eingehend behandele.

Um ein gutes Illustrationsmaterial zu bieten, ließ ich die Klischees mit einigen Ausnahmen als Holzschnitte neu anfertigen, und zwar zum Teil nach den Originalabbildungen oder nach besonders entworfenen Zeichnungen. Verschiedenen Verlegern und Autoren habe ich für die bereitwillig erteilte Reproduktions-Genehmigung zu danken: Herr Hofrat Professor Dr. Eder in Wien und der Verlag von Wilh. Knapp in Halle a. S. gestatteten die

Wiedergabe zweier Porträts aus Eder's »Geschichte der Photographie«, die Firma Léon Gaumont in Paris und die dortige Zeitschrift L'Illustration die Reproduktion mehrerer Filmbilder, die Urban-Trading Co. in London die Einfügung eines Bildes aus ihrem Betriebe, Professor Demeny überließ mir eine Aufnahme, womit ich seine »Photographie der Sprache« illustrieren konnte.

Düsseldorf, Dezember 1909.

Der Verfasser.

Die Entwicklung des Kinematographen.

Einleitung.

Die wunderbare Wirkung der kinematographischen Lichtbilder beruht auf einer Täuschung unseres Auges. Was uns da auf der weißen Wand gezeigt wird, ist in Wirklichkeit eine große Reihe einzelner Bilder, die den Gegenstand oder die Szene in immer neuen Momenten einer Bewegung wiedergeben und die mit sehr großer Geschwindigkeit aufeinander folgen. Wenn sich nun in unserem Auge die vielen Einzelbilder zu einem einzigen lebenden Bilde zusammensetzen, so wird das bewirkt durch die »Dauer des Lichteindruckes«. Unser Auge läßt nämlich einen Eindruck, den es empfangen hat, nicht sofort wieder fahren, hält ihn vielmehr eine gewisse Zeit fest, allerdings nur den Bruchteil einer Sekunde. Infolgedessen werden sehr rasch aufeinander folgende Eindrücke ineinander verschwimmen.

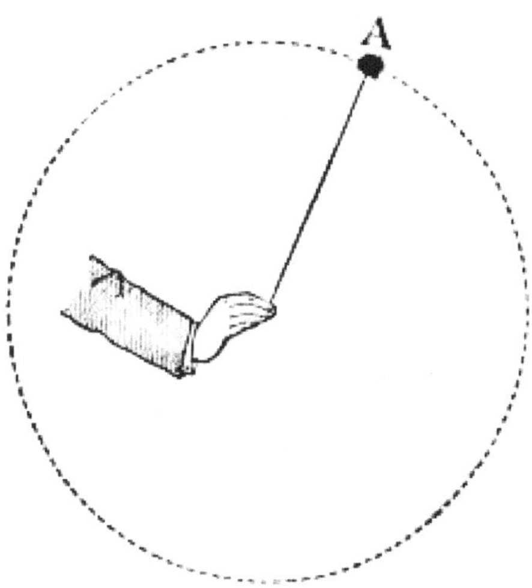

Fig. 1. Versuch zur Bestimmung der Dauer des Lichteindruckes.

Diese Eigenschaft des Auges können wir im täglichen Leben beobachten. Ihnen wird das folgende Experiment bekannt sein; sonst ist es leicht anzustellen. Wenn man im Dunkeln ein glimmendes Streichholz (also eines von der schlechten Sorte!) hinreichend rasch umherschwingt, so sieht man nicht — wie man annehmen sollte — einen sich weiter bewegenden leuchtenden Punkt, sondern einen feurigen Kreis.

Genauere Untersuchungen hierüber wurden zuerst angestellt von Ritter d'Arcy im Jahre 1765. Er schwang ein Stück glühender Kohle im Kreise herum mit zunehmender Geschwindigkeit. Nun kommt ein Moment, wo der leuchtende Kreis grade geschlossen ist. Dann wissen wir: der Lichteindruck an einer Stelle, z. B. A in Figur 1, wirkt genau so lange Zeit nach, als die Kohle für eine Umdrehung braucht. Arcy fand auf diese Weise, daß die Dauer des Lichteindrucks im Auge ungefähr $^1/_8$ Sekunde beträgt.

Die Wunderscheibe und die Geschichte ihrer Erfindung.

Das erste Bildinstrument, das auf dieser Eigenschaft des Auges beruhte und das sich rühmen kann, der Urahn des Kinematographen zu sein, war die im Jahre 1825 erfundene Wunderscheibe, auch Thaumatrop genannt. Es ist eine Pappscheibe, die beiderseits eine Zeichnung hat, vorn z. B. einen Vogel und hinten einen Käfig, und die man mittels zweier daran geknüpfter Fäden in Umdrehung versetzt. Bei rascher Umdrehung sieht man dann den Vogel im Käfig sitzen. Wenn Sie die Figur 2 der vorgehefteten Tafel ausschneiden, dann haben Sie eine richtige Wunderscheibe. Sie müssen nur rechts und links, wo die Punkte sind, ein Loch stechen, zwei Fäden, je etwa 10 bis 15 cm lang, schneiden und durch jedes Loch einen solchen Faden ziehen. Die beiden Enden eines jeden Fadens werden am besten verknotet. Nun nimmt man die Fäden in die Hände und läßt sie zwischen Daumen und Zeigefinger rollen, wobei dann die Scheibe in rasche Umdrehung gerät.

Fig. 3. Wie man beide Seiten einer Münze gleichzeitig sehen kann.

Wie es zur Erfindung der Wunderscheibe gekommen ist, davon erzählt der englische Mathematiker Babbage ein interessantes Stück. Eines Tages fragte ihn der berühmte Gelehrte John Herschel, mit dem er zu Tisch saß, wie man es wohl fertig bringen könne, beide Seiten eines Geldstücks gleichzeitig zu sehen. Und drauf zeigte er ihm die Lösung der scherzhaft gestellten Aufgabe, indem er das Geldstück auf dem Tisch kreisen ließ: ein Experiment, das Sie leicht nachmachen können. Der Versuch läßt sich auch in der Weise anstellen, wie es Figur 3 veranschaulicht, indem man nämlich das Geldstück mittels zweier Nadeln hebt und durch Dagegenblasen in Rotation versetzt. — Babbage nun erzählte davon seinem Freunde Dr. Fitton, und dieser zeigte ihm ein paar Tage darauf ein kleines Spielzeug, das er ausgedacht und womit sich der Herschelsche Versuch vorzüglich demonstrieren ließ: es war die Wunderscheibe.

Das Lebensrad (Stroboskop, Phenakistiskop).

Die Wunderscheibe wurde bald ein flotter Handelsartikel und fand weite Verbreitung. So einfach und unscheinbar dies Spielzeug auch war: es war doch ein wichtiges Prinzip darin festgelegt und es gab zweifellos mancherlei Anregung. Nun lag das Problem in der Luft, eine größere Anzahl von Bildern in ähnlicher Weise zu kombinieren, und tatsächlich wurde die Lösung bald darauf, im Jahre 1832, fast gleichzeitig an zwei Stellen gefunden. Sowohl Plateau in Gent, wie Professor Stampfer in Wien, konstruierten unabhängig voneinander das Lebensrad. Der eine nannte sein Instrument »Phenakistiskop«, der andere »Stroboskop«.

Fig. 4. Das Lebensrad.

Das Lebensrad besteht aus einer runden Pappscheibe, die nach dem Rande zu in gleichmäßigen Abständen Öffnungen besitzt; darunter sind Bilder eines und desselben Gegenstandes gezeichnet, die ihn in verschiedenen, aufeinander folgenden Momenten einer Bewegung darstellen. Die Scheibe ist, wie Fig. 4 zeigt, um eine horizontale Achse drehbar und wird derart vor einen Spiegel gehalten, daß man durch die Öffnungen hindurch im Spiegel die Bilder sieht. Bei rascher Umdrehung verschmelzen die Bilder ineinander und man gewinnt den Eindruck einer sich bewegenden Figur.

Wenn Sie das Lebensrad nicht aus der Anschauung kennen, so schneiden Sie doch die Figur 5 der Tafel längs der äußeren Kreislinie aus; dann schneiden Sie noch ringsum auf der Scheibe mit einem scharfen Messer die neun schraffierten Schlitze aus: das gibt die Schauöffnungen. (Ist Ihnen diese Arbeit zu mühselig, so wissen Sie sicher einen Jungen, der's gerne tut, um auch die hübsche Wirkung zu sehen.) Die Scheibe wird in der Mitte durchbohrt und dann, am besten mit einem Heftzwecken, die Bildseite nach außen, auf eine Holzleiste (Lineal oder dergl.) aufgesteckt, derart, daß sie durch Gegenschlagen mit dem Finger leicht drehbar ist. Nun hält man die Scheibe (möglichst senkrecht, damit sie gut läuft) vor einen Spiegel und sorgt dafür, daß die dem Spiegel zugekehrten Bilder gut beleuchtet sind. Wenn man nun die Scheibe in Umdrehung versetzt und zunächst nebenher direkt in den Spiegel blickt, so sieht man nichts von den Figuren; denn sie erscheinen bei der raschen Bewegung völlig verschwommen. Hält man aber das Auge vor die Scheibe und schaut durch die Schlitze, so gewinnt man den Eindruck einer sich bewegenden Figur. Das Auge bekommt dann nämlich durch die Schlitze rasch nacheinander immer auf einen Moment Bild um Bild zu sehen. Infolge der Trägheit der Netzhaut verschmelzen nun die Bilder ineinander, und das Resultat ist ein Bild mit Bewegung.

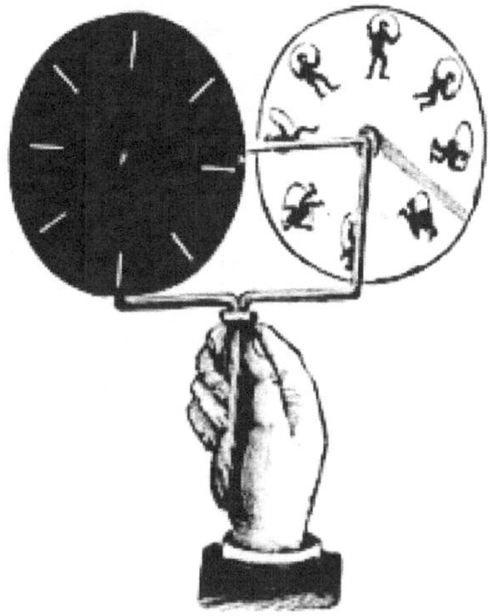

Fig. 6. Andere Form des Lebensrades.

In der Folge wurden mancherlei Abänderungen von dem Instrument gemacht. Figur 6 zeigt zunächst eine Ausführung, die Stampfer schon angab. Dabei werden zwei zusammen rotierende Scheiben benutzt, eine für die Oeffnungen und die andere für die Bilder. Ein Spiegel ist hier nicht erforderlich; denn man sieht direkt durch die Schlitze gegen die Bilder.

Die Wundertrommel.

Fig. 7. Die Wundertrommel.

Die größte Verbreitung fand die Form, welche als Wundertrommel bekannt ist. Es ist ein Hohlzylinder mit einem Kranz von Schlitzen; darein wird ein Papierstreifen gebracht, worauf sich die Bilder befinden (Fig. 7). Die Trommel wird in rasche Umdrehung versetzt, und wenn man nun durch die Schlitze sieht, empfängt man den Eindruck eines lebenden Bildes. Dreimal — das ist eigenartig — mußte die Wundertrommel erfunden werden, bis sie Ende der sechziger Jahre von Amerika aus zur Einführung gelangte. 1833 wurde sie von Horner unter der Bezeichnung »Daedaleum« genau beschrieben, 1860 von Desvigne und schließlich 1867 nochmals von Lincoln patentiert.

Taschenkinematograph und Mutoskop.

Fig. 8. Das Mutoskop.

Ein ähnliches Schicksal erlebte eine andere Anordnung, der sogenannte »Taschenkinematograph«, der Ende der neunziger Jahre als Neuheit in den Handel kam, nachdem er bereits zweimal zuvor, 1868 und 1886, erfunden worden war. Dieses Heft stellt mit den Bildern in den Ecken oben rechts — so wie es ist — einen Taschen-Kinematograph dar. Um ihn in Betrieb zu setzen, biege man die Blätter mit dem Daumen der rechten Hand zurück und lasse sie durchgleiten, so daß sie rasch nacheinander umschlagen. Auf demselben Prinzip beruht das in Figur 8 wiedergegebene Mutoskop, ein Apparat, den man vielfach in Bahnhöfen findet. Man muß bei diesem Instrument nach Einwurf eines Groschens eine Kurbel drehen, worauf dann die Bilder abblättern; sie werden durch eine Vergrößerungslinse betrachtet.

Verbindung von Lebensrad und Lichtbilderapparat.

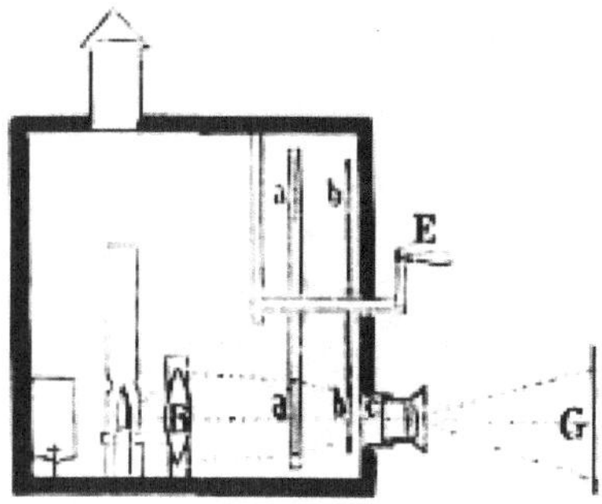

Fig. 9. Erster Apparat zur Projektion stroboskopischer Bilder.

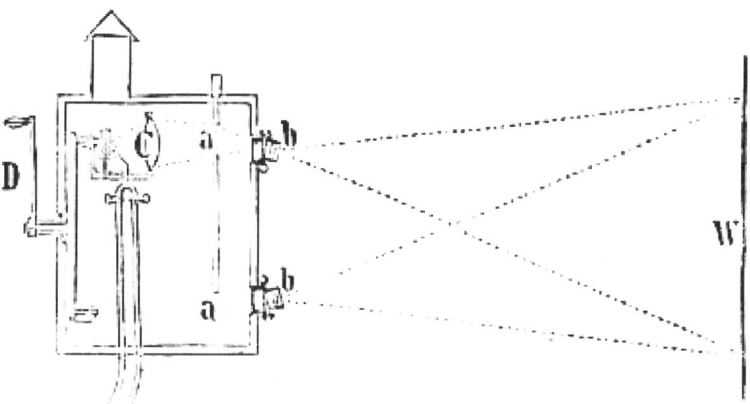

Fig. 10. Uchatius' zweiter, verbesserter Apparat zur stroboskopischen Projektion.

Der erste, der das Lebensrad mit dem Projektionsapparat in Verbindung brachte, um »lebende« Bilder auf die Wand zu werfen und einem größeren Publikum als Lichtbilder zu zeigen, war der österreichische Offizier Franz von Uchatius. Es ist derselbe Uchatius, der den nach ihm benannten Bronzestahl erfand. Bei seinem ersten Apparat, der in Figur 9 schematisch dargestellt ist und der aus dem Jahre 1845 stammt, wurde ein aus zwei zusammen rotierenden Scheiben bestehendes Lebensrad angewandt, wovon die eine der Scheiben b mit Schlitzen versehen war, während die andere a die transparenten Bildchen trug. Ein zweiter leistungsfähigerer Apparat, den Uchatius anfangs der fünfziger Jahre konstruierte und der 1853 in Wien vorgeführt wurde, besaß eine feststehende Bildscheibe und davor einen Kranz von Objektiven: für jedes Bild a war ein Objektiv b vorgesehen (siehe Fig. 10). Lampe und Beleuchtungslinse c konnten mittels einer Kurbel hinter der Bildscheibe im Kreise umherbewegt werden, derart, daß die transparenten Bildchen der Reihe nach beleuchtet und auf die Wand projiziert wurden. Bei raschem Drehen erschienen die Lichtbilder in so schneller Folge, daß die Zuschauer den Eindruck eines einzigen lebenden Lichtbildes gewannen.

Das Projektions-Stroboskop, das eine langsam rotierende Bildscheibe und eine rasch laufende Blendscheibe mit einem Schlitz besitzt — wie es heute noch zu Demonstrationen gebraucht wird — wurde 1871 von dem Engländer Ross angegeben, nachdem kurz zuvor die Amerikaner Brown und Heyl sinnreiche Instrumente dieser Art mit ruckweise bewegter Bildscheibe ausgeführt hatten. In den achtziger Jahren beschäftigte sich der Franzose Reynaud eifrig mit dem Problem, die Bilder des Lebensrades in vergrößertem Maßstabe auf der Projektionswand erscheinen zu lassen; bei seiner eigenartigen, mit einer Spiegeltrommel ausgerüsteten Einrichtung, die er Praxinoskop-Theater nannte, saßen die transparenten Bilder auf einer Trommel, später auf einem langen Bande.

Die Anfänge der Bewegungsphotographie.

Fig. 11. Aufnahmen »gestellter« Bewegungsmomente für das Lebensrad.

Die Bilder, die man mit dem Lebensrade vorführte, waren zuerst naturgemäß gezeichnet. Erst in den fünfziger Jahren kam man dazu, die Photographie zur Herstellung der Bilder heranzuziehen. Die Aufgabe war für den damaligen Photographen ja auch nicht so leicht: hieß es doch, von der sich bewegenden Figur sehr rasch nacheinander eine Anzahl Momentaufnahmen zu machen. Und dazu reichten die Hilfsmittel jener Zeit keineswegs aus. Auch die Schnellfeuer-Kameras, die im folgenden Jahrzehnt von verschiedenen Seiten ausgedacht und zum Teil ausgeführt wurden — Coleman Sellers, Dumont, Ducos du Hauron und Mollard machten sich besonders verdient darum — waren noch nichts nutze: die photographischen Verfahren hatten eine zu geringe Empfindlichkeit, als daß man so schnell damit hätte arbeiten können. Man mußte sich einstweilen in primitiver Weise behelfen. Wie man verfuhr, veranschaulicht Figur 11; es ist die Wiedergabe einer mir vorliegenden Bilderreihe, die aus jener Zeit stammt. Davon ist jedes einzelne Bild durch eine Zeitbelichtung gewonnen. Die Kaffee trinkende Dame mußte also neunmal eine sorgfältig vorbereitete Stellung einnehmen und jedesmal für die Belichtung stille halten. Dies Verfahren war gewiss recht umständlich und konnte unmöglich eine natürliche Wirkung abgeben.

Herstellung der ersten Reihenaufnahmen durch Muybridge.

Fig. 12. Eadweard Muybridge.[A]

Erst dem amerikanischen Photographen Muybridge (Fig. 12) gelang es Ende der siebziger Jahre unter Aufbietung gewaltiger Hilfsmittel, richtige Reihenaufnahmen laufender Tiere zu machen. Er benutzte eine Batterie von 24 photographischen Apparaten, die in einer Reihe nebeneinander standen; parallel dazu lief die Rennbahn für das Tier. Quer über die Bahn waren, wie Figur 13 andeutet, 24 dünne Fäden gespannt, die das Tier nacheinander zerreißen mußte; zu jeder Kamera einer, und zwar war die Anordnung derart getroffen, daß stets beim Reißen eines Fadens der Momentverschluß der betreffenden Kamera losging. Auf diese Weise wurden rasch nacheinander 24 Aufnahmen von dem laufenden Tier gemacht. Eine Reihe der von Muybridge hergestellten Bilder ist auf dem Lebensrade (Fig. 5) wiedergegeben; dieselben Bilder sind zu dem Taschenkinematograph dieses Heftes benutzt. Muybridge soll zu seinen Arbeiten insgesamt über eine halbe Million photographischer Platten verarbeitet haben.

Fig. 13. Einrichtung von Muybridge zur Reihenphotographie.

Förderung der Reihenphotographie durch Anschütz.

Fig. 14. Ottomar Anschütz.

Die Aufnahmen erregten seinerzeit großes und berechtigtes Aufsehen; doch wurden die Resultate bald überboten durch Anschütz, den Altmeister der Momentphotographie (Fig. 14). Anschütz begann 1885 nach ähnlicher Methode seine Arbeiten und nahm sich ihrer mit großer Energie an. Während Muybridge bei seinen meisten Aufnahmen nicht viel mehr als Schattenrisse erhielt, zeigten die Bilder seines deutschen Nachfolgers alle Abstufungen und Einzelheiten. Ja, die Aufnahmen, von denen Figur 15 eine Probe zeigt, waren so scharf, daß sie zur Benutzung in dem von Anschütz erfundenen Schnellseher vergrößert werden konnten.

Fig. 15. Teil einer Reihenaufnahme von Anschütz.

Fig. 16. Anschütz' elektr. Schnellseher.

Anschütz konstruierte zur Demonstration seiner Bilder noch ein sinnreiches Instrument, den elektrischen Schnellseher (Fig. 16). Die einzelnen Bilder, auf Glasplatten oder Zelluloid kopiert, sitzen darin auf dem Umfange einer schnell rotierenden Scheibe von großem Durchmesser. Jedesmal wenn sich ein Bild genau gegenüber dem Fensterchen befindet, durch das die Beschauer blicken, wird es momentan durch eine Geisler'sche Röhre beleuchtet.

Marey, der Begründer der modernen Kinematographie.

Fig. 17. Etienne Jules Marey.[B]

Inzwischen fand die Chronophotographie — so nannte man das Verfahren zur Herstellung von Reihenbildern — in Frankreich bedeutende Förderung durch Professor Marey (Fig. 17). Dieser interessierte sich zunächst für den Vogelflug, und da die Anordnung von Muybridge hierzu nicht geeignet erschien, ging er selbst an die Konstruktion zweckmäßiger Apparate. Zu seinem ersten Modell, der photographischen Flinte aus dem Jahre 1882, hatte er die Anregung erhalten durch Jansen's photographischen Revolver, womit dieser berühmte Astronom 1874 den Vorübergang der Venus in einer Reihe aufeinanderfolgender Momente festgelegt hatte.

Fig. 18. Marey's photogr. Flinte.

Die photographische Flinte und die Art ihrer Handhabung ist in Figur 18 dargestellt. Vorne im Lauf sitzt das Objektiv, hinten im Bodenstück die lichtempfindliche Platte. Wenn man auf den Hahn drückt, so bringt ein Uhrwerk die Platte in Umdrehung, doch geht die Bewegung sprungweise vor sich, derart, daß ein Stück der Platte nach dem anderen an die Belichtungsstelle kommt und dort einen Moment anhält. Die Belichtung wird durch eine gleichzeitig in Gang versetzte Verschlußscheibe geregelt. Mit diesem Apparat konnten 12 Aufnahmen in der Sekunde gemacht werden. Die Bilder waren aber nur ein Zentimeter groß und ohne Detail. Figur 19 zeigt eine Aufnahmeplatte; sie gibt den Flug einer Möve in 12 Momenten wieder.

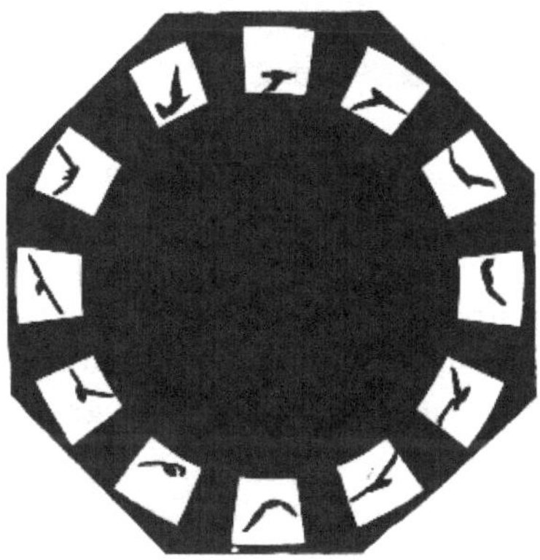

Fig. 19. Aufnahme mit der photogr. Flinte: fliegende Möve in 12 Momenten (etwa auf die Hälfte verkleinert).

Ermutigt, aber nicht befriedigt durch die Erfolge, arbeitete Marey mit wissenschaftlicher Gründlichkeit weitere neue Methoden aus, die ihm für seine Untersuchungen über die Bewegungserscheinungen bei Tieren und Menschen wertvolle Resultate lieferten. 1888 ging er zur Verwendung von Negativpapierbändern über, die ruckweise durch die Kamera geführt und auf die in rascher Folge eine große Zahl von Aufnahmen gemacht wurde. Damit schuf Marey als erster eine Einrichtung, die unserem heutigen kinematographischen Aufnahme-Apparat entspricht. Sein damaliges Modell ist in Figur 20 dargestellt, während Figur 21 ein Stück einer damit gemachten Aufnahme zeigt.

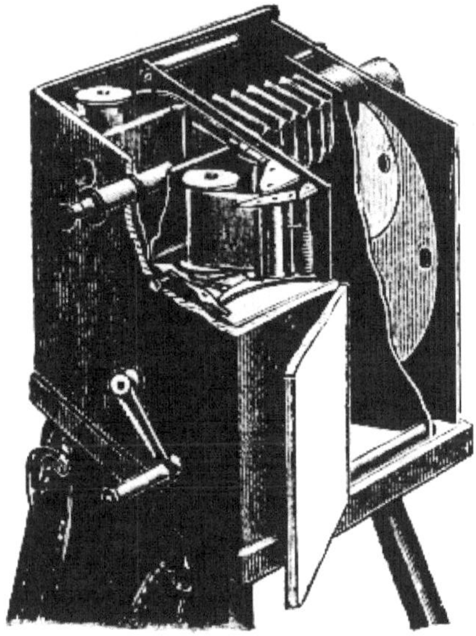

Fig. 20. Marey's Negativband-Kamera für Reihenaufnahmen.

Der Fortschritt war ein enormer! Während Muybridge und Anschütz, um eine Reihe von 24 Aufnahmen zu gewinnen, 24 photographische Apparate brauchten, machte Marey dasselbe mit einer einzigen Kamera. Ja, die Zahl der Bilder war hier nur begrenzt durch die Länge des Negativbandes.

Ausbau der modernen Kinematographie.

Fig. 21. Teil einer Reihenaufnahme auf Negativpapier, hergestellt mit Marey's Kamera.

Von größter Bedeutung für die Entwicklung der Kinematographie wurde die Einführung des Zelluloid-Filmbandes, die grade in jene Zeit fiel; zwar war das Material noch weit davon entfernt, so gut zu sein wie heute. Nunmehr schossen bald an allen Ecken und Enden die Konstruktionen heraus. Aber den Gebrüdern Lumière blieb es vorbehalten, die lebenden Lichtbilder populär zu machen. Das war Mitte der neunziger Jahre. An der Ausarbeitung des modernen Kinematographen sind viele Männer beteiligt; besonders verdient machten sich darum Skladanowsky und Messter in Deutschland; Demeny (Marey's Mitarbeiter, vgl. auch Fig. 53) und die Gebrüder Lumière in Frankreich; Friese Greene (der schon 1889 ins Feld trat), Birt Acres und Robert Paul in England; Edison, Jenkins, Casler und Urban in Amerika. Dem einen haben wir dies Teil zu verdanken, dem anderen jenes. Wir wollen darüber hinweggehen, sonst geraten wir zu sehr in Einzelheiten.

Die Bezeichnung »Kinematograph«, die aus griechischen Worten hergeleitet ist: Kinema = die Bewegung (Kinemata = die Bewegungen) und grapho = ich schreibe, zeichne auf, wurde durch die Gebrüder Lumière eingeführt, nachdem sie als erster Bouly in einem französischen Patente vom Jahre 1892 angewandt hatte. Von den zahlreichen anderen Namen hat sich hauptsächlich »Bioskop« (ebenfalls aus dem Griechischen: Bios = das Leben, und skopeo = ich sehe) erhalten.

Fußnoten:

[A] Nach einer Abbildung aus Eder's »Geschichte der Photographie«, Verlag von Wilh. Knapp, Halle a. S.

[B] Nach einer in Eder's »Geschichte der Photographie« (Verlag von Wilhelm Knapp, Halle a. S.) abgebildeten Plaquette.

Wesen und Wirkungsweise des Kinematographen.

Wirkungsweise des Aufnahmeapparates.

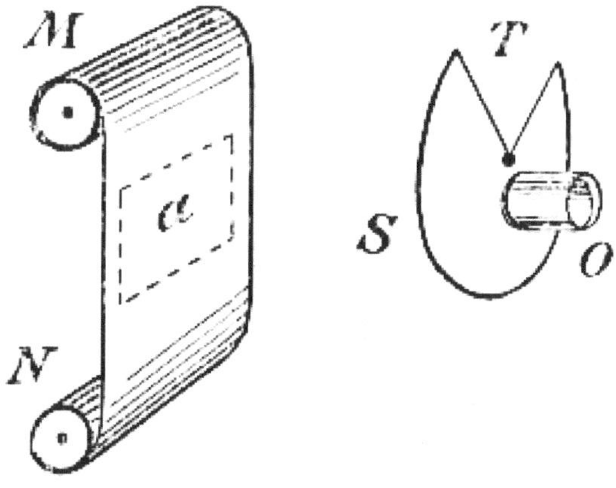

Fig. 22. Schema einer Filmkamera.

Wie der kinematographische Aufnahmeapparat arbeitet, das können wir uns am besten klar machen, indem wir einen einfachen Kodak in die Hand nehmen. Die Anordnung ist in Figur 22 schematisch dargestellt. Auf der Rolle M sitzt ein lichtempfindliches Filmband; es ist zur Rolle N geführt, worauf es sich, wenn man die Rolle dreht, aufwickelt. O ist das Objektiv und S die Verschlußscheibe. Um eine Aufnahme zu machen, gibt man der Verschlußscheibe eine Umdrehung. Es bewegt sich dann die Öffnung T am Objektiv vorbei, läßt Licht zu und verursacht damit eine Belichtung. Nun soll ein zweites Bild gemacht werden. Dazu muß zunächst der Film durch Drehen der Rolle N um ein Stück, so groß wie das Bildchen a, weitergezogen werden. Wenn das geschehen ist, wird der Verschlußscheibe wieder eine Umdrehung gegeben. Ein drittes, viertes, fünftes Bild usw. erfordert immer wieder dieselben Handgriffe: stets wird zuerst der Film weitergezogen und dann die Verschlußscheibe gedreht.

Denken wir uns nun in die Kamera einen Mechanismus eingebaut, der diese Handgriffe selbsttätig ausführt, so haben wir den kinematographischen Aufnahmeapparat, wie er in Figur 23 dargestellt ist. Man braucht nur eine Kurbel zu drehen, dann schießt der Apparat wie ein Schnellfeuergeschütz los und macht auf das Filmband in rascher Folge eine große Anzahl von Aufnahmen. Den Mechanismus wollen wir uns nachher ansehen.

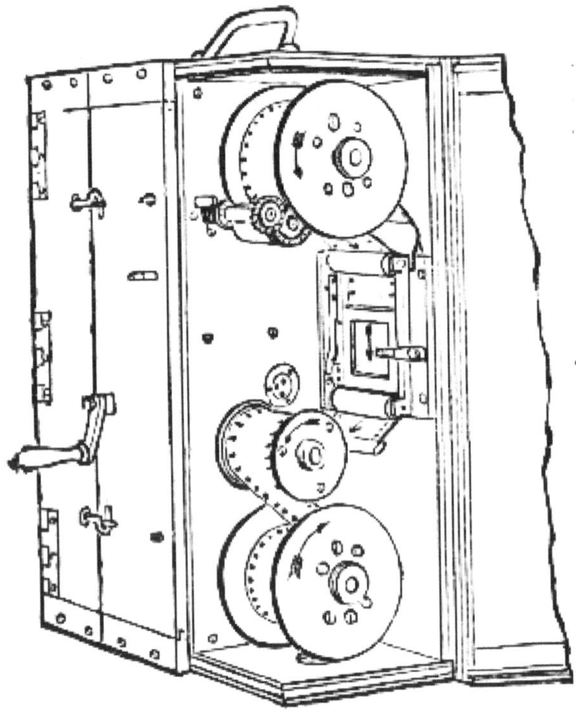

Fig. 23. Kinematographische Aufnahme-Kamera.

Das Filmband und seine Fertigstellung.

Der belichtete Film wird in der Dunkelkammer auf einen Rahmen oder eine Trommel gespannt und wie der Kodakfilm entwickelt, fixiert, ausgewaschen und getrocknet. Man bekommt dann ein Band mit vielen kleinen Negativbildern. Von diesem Negativ, von dem Figur 24 ein kleines Stück in Originalgröße zeigt, gewinnt man durch Kopieren den Positivfilm, wie er in Figur 25 wiedergegeben ist. Ein Stück Positivfilm ist ferner hier angeklebt. Die Filmbänder sind an beiden Rändern in regelmäßiger Folge mit Löchern versehen, und zwar derart, daß auf jedes Bild beiderseits 4 Löcher kommen. Diese Perforation, die von Edison eingeführt wurde, muß man anwenden, damit der Mechanismus den Film genau transportieren kann.

Das Filmband ist 3½ cm breit, jedes Bildchen darauf 2½ cm breit und ungefähr 2 cm hoch. E i n Bild sieht fast genau so aus wie das nächste, erst wenn man mehrere Bilder überfliegt, merkt man einen Unterschied in der Abbildung. Und das ist kein Wunder, kommen doch normaler Weise auf die Sekunde 15 bis 20 Aufnahmen. Eine so rasche Folge der Bilder ist nämlich erforderlich, wenn eine ununterbrochene, schöne Wiedergabe erzielt werden soll. In der Minute haben wir mithin rund 1000 Bilder und das macht, da jedes Bildchen etwa 2 Zentimeter hoch ist, ein Band von ungefähr 20 Meter Länge. Für eine Szene, die 5 Minuten dauert, braucht man also 100 Meter Film. Das mag auf den ersten Blick viel erscheinen, aber selbst Aufnahmen von vielen hundert Metern Länge sind heute nichts Besonderes mehr.

Fig. 24. Stück eines Film-Negativs in Originalgrösse.

Fig. 25. Film-Positiv nach dem Negativ Fig. 24.

Wirkungsweise des kinematographischen Wiedergabeapparates.

Nun wollen wir verfolgen, wie mit Hilfe des Positivfilm die Szene, welche bei der Aufnahme sich vor der Kamera abspielte, als lebendes Lichtbild zur Darstellung gebracht wird. Die Anordnung ist im allgemeinen dieselbe wie bei jedem Projektionsapparat. Links haben wir in Figur 26 die Laterne mit der Lichtquelle L, am besten einer Bogenlampe; in der Vorderwand zwei Beleuchtungslinsen K, welche die Lichtstrahlen sammeln und in einem Kegel nach vorne in das Objektiv O leiten. Das Objektiv dirigiert die Strahlen derart weiter, daß von dem transparenten Bildchen B auf der Projektionswand ein scharfes Lichtbild erzeugt wird.

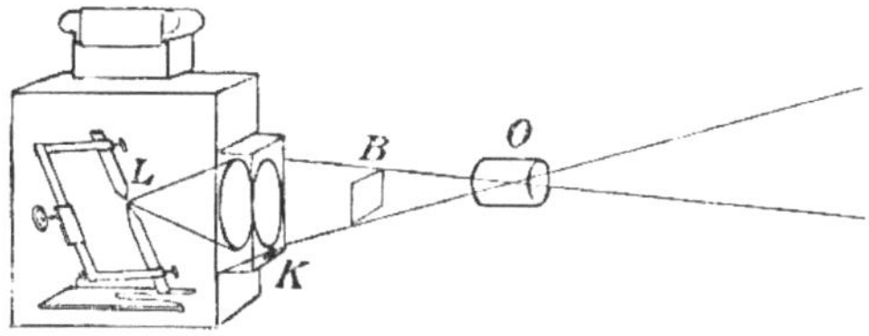

Fig. 26. Schema des Lichtbilder-Apparates.

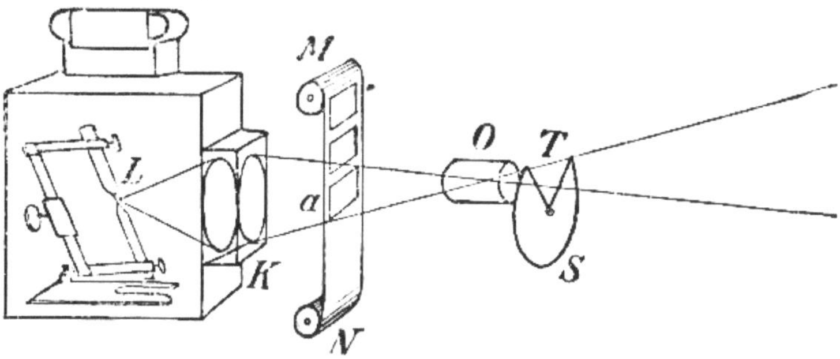

Fig. 27. Das Filmband im Lichtbilder-Apparat.

Die Vergrößerung ist dabei eine beträchtliche. Wenn das Bildchen, wie beim Kinematographenfilm, eine Breite von 2½ cm besitzt und der Projektionsschirm beispielsweise 2½ m breit ist, so haben wir der Linie nach eine 100 fache, der Fläche nach eine 10000 fache Vergrößerung; bei 5 m breitem Schirm ist die Flächenvergrößerung gar eine 40000 fache. Da wird es erklärlich, daß man eine sehr kräftige Lichtquelle braucht.

An Stelle des einzelnen Bildchens B bringen wir nun, wie es Figur 27 veranschaulicht, den Film derart in den Strahlenkegel, daß zunächst das erste Bildchen a projiziert wird, und jetzt müssen wir, um auf dem Projektionsschirm die richtige Wiedergabe zu erhalten, das Band in der gleichen Weise weiter bewegen, wie vorher in unserem Kodak, den wir uns mechanisch betrieben dachten: der Film bleibt jedesmal einen Augenblick an der Belichtungsstelle ruhig stehen, dann springt er um ein Bild weiter, steht wieder ruhig, springt weiter und so fort. Die Verschlußscheibe brauchen wir auch hier; sie soll nämlich das Objektiv immer in dem Moment verschließen, wo der Film sich weiterbewegt, damit wir das Rutschen der Bilder nicht wahrnehmen.

Wir müssen also in unseren Lichtbilderapparat einen Mechanismus einbauen, der das Filmband ruckweise weiterbewegt und der bei jedem Bildwechsel das Objektiv verschließt. Nehmen wir an, ein solcher Kinematographmechanismus wäre beschafft, und nehmen wir ferner an, der Mechanismus, gleichgültig wie er sonst konstruiert ist und aussieht, arbeite in gleichmäßigem »Tempo«: jeder Bildstillstand dauere die gleiche Zeit wie der Bildwechsel. Schematisch ließe sich dann die Arbeitsweise des Mechanismus folgendermaßen darstellen, wobei die ausgezogenen Linien jedesmal den Stillstand und die punktierten Linien den Wechsel andeuten:

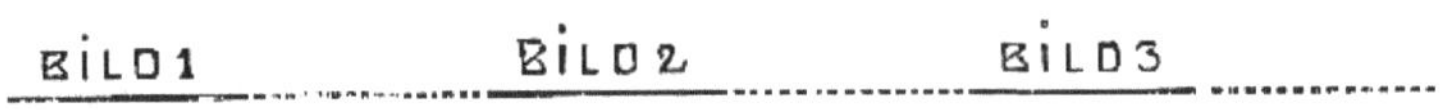

Wenn wir nun zusammen bei dem Apparat säßen, würde ich, um Ihnen die Wirkung zu zeigen, den Mechanismus zunächst einmal ganz langsam drehen. Im Apparat würden Sie dann folgenden Vorgang wahrnehmen: Der Film steht augenblicklich still, trotzdem ich gleichmäßig drehe; nun wandert er um ein Stückchen weiter; jetzt steht er wieder ruhig, und so geht's immer ruck, ruck, ruck vorwärts. Dabei bringt jede Bewegung des Filmbandes ein neues Bild an die Belichtungsstelle, das dann eine gewisse Zeit stehen bleibt. Blicken wir nun, während ich langsam weiter drehe, auf den Projektionsschirm, so sehen wir dort in gleichmäßigem Wechsel: Bild — dunkel — nächstes Bild — dunkel — nächstes Bild — dunkel usw. Wir beobachten, wie jedes Lichtbild einen Augenblick stehen bleibt; von der Weiterbewegung des Filmbandes können wir hier aber nichts merken, denn während dieser Zeit blendet immer die Verschlußscheibe die Lichtstrahlen ab: daher das »dunkel«.

Alsdann würde ich, damit Sie auch das Weiterrutschen des Filmbandes sehen, die Verschlußscheibe abnehmen und wiederum ganz langsam drehen. Nun gibt's auf der Projektionswand: Bild — Rutschen des Bildes — nächstes Bild — Rutschen — nächstes Bild — Rutschen — usw. So, jetzt setzen wir die Verschlußscheibe wieder auf und drehen erst langsam, dann allmählich immer rascher. Da beobachten wir zuerst noch: Bild — dunkel — Bild — dunkel. — Bald aber, bei rascherem Drehen, kann unser Auge die einzelnen Bilder und die dunkeln Zwischenpausen nicht mehr unterscheiden. Ohne daß wir merken, wie es geschieht, gehen die Bilder ineinander über; das Lichtbild gewinnt Leben, die Figuren bewegen sich.

Ein kleines Experiment mag Ihnen eine bessere Vorstellung geben von dem, was ich Ihnen eben gerne praktisch gezeigt hätte. Halten Sie einmal das linke Auge zu und bewegen Sie die rechte Hand dicht vor dem anderen Auge hin und her — zuerst ganz langsam. Da bekommen Sie, genau wie ich es vom Kinematograph erzählte, Bild — dunkel — Bild — dunkel — usw. Fahren Sie nun aber mit der Hand rasch hin und her und blicken dabei durchs Fenster auf die belebte Straße, so nehmen Sie alles wahr wie sonst: Sie merken nicht, daß das Auge die Eindrücke nur stoßweise empfängt, Sie sehen keine Unterbrechungen in den Bewegungen der Menschen und Wagen, wie Sie doch tatsächlich durch das »Abblenden« mit der Hand hervorgerufen werden. Genau so ist es beim Kinematograph. Ja, es ist dieselbe alte Geschichte, wie bei der Wunderscheibe und beim Lebensrad: unser Auge hält eben jedes einzelne Bild eine kurze Zeit fest, und wenn die Bilder hinreichend rasch aufeinander folgen, wenn die Lücken zwischen Bild und Bild hinreichend kurz sind, so füllt das Nachbild jedesmal die Lücke aus. Die »Dauer des Lichteindruckes«, so nennt man ja diese Eigenschaft des Auges, schlägt dann gewissermaßen eine Brücke von Bild zu Bild über die dunkeln Zwischenpausen hinweg.

Das Flimmern und die Mittel zur Behebung.

Aber unser Auge, wenn es sich auch täuschen läßt und statt der sprungweise sich folgenden Einzelbilder ein einziges Bild mit ununterbrochener Bewegung sieht: es merkt doch, daß da etwas nicht in Ordnung ist, daß dabei etwas anders ist, als beim Sehen in der Natur; es nimmt den ewigen Wechsel zwischen Hell und Dunkel wahr und sagt uns: »das Bild flimmert«.

Dieses Flimmern wird offenbar verursacht durch den steten Wechsel: Hell — Dunkel. Wenn auch die »Dauer des Lichteindrucks« über die dunklen Pausen hinweghilft und gewissermaßen eine Brücke darüber schlägt, so nimmt doch die Nachwirkung während der Pause an Kraft erheblich ab: die Brücke geht von der großen Helligkeit des Bildes bergab. Nun kommt plötzlich ein neues Bild mit großer Helligkeit: da geht es wieder steil bergauf. Die Verbindung zwischen Bild und Bild ist da; aber es gibt ein ewiges auf und ab — und dieses Auf- und Abwogen äußert sich durch das Flimmern. Schon beim Lebensrade werden Sie das Flimmern bemerkt haben; aber ist es Ihnen nicht auch bei dem Experiment mit der Hand aufgefallen? Vielleicht werden Sie dabei schon eine Beobachtung über die Stärke des Flimmerns gemacht haben. Wenn nicht, dann stellen Sie das Experiment noch einmal an: linkes Auge zu und rechte Hand vor dem andern Auge hin und her, zuerst ganz langsam, dann immer rascher; dabei auf dieses Blatt blicken! Wird nicht das Flimmern um so schwächer, je rascher Sie die Hand bewegen? — Nun, man sollte sagen, dies Mittel müßte auch beim Kinematographen helfen — könnten Sie es jetzt probieren, das Experiment würde die Vermutung bestätigen: bei rascherem Drehen nimmt das störende Flimmern ab. Das wäre also ein einfaches Aushilfsmittel, diese üble Erscheinung abzuschwächen. Aber man wird bald erkennen, daß dies Verfahren einen bösen Nachteil hat: die Bewegungen im lebenden Lichtbilde werden unnatürlich rasch, wirken überstürzt, und außerdem ist die Vorführung viel schneller zu Ende. Wenn man da abhelfen wollte, so müßten auch die kinematographischen Aufnahmen entsprechend schneller gemacht werden, statt 15 bis 20 Bilder müßten wir beispielsweise 30 bis 40 in der Sekunde aufnehmen. Das geht wohl, doch dann wird das Filmband doppelt so lang und die Aufnahmen doppelt so teuer; außerdem werden bei der großen Geschwindigkeit Mechanismus und Film viel rascher verschleißen.

Weshalb wird nun aber das Flimmern schwächer, wenn wir den Kinematograph rascher drehen? Offenbar weil dann die dunkle Pause zwischen Bild und Bild kürzer wird. Wenn uns die normale Geschwindigkeit (z. B. 15 Bilder in der Sekunde) folgendes Schema[C] gab:

so bekommen wir bei der überstürzten Geschwindigkeit (30 Bilder in der Sekunde) schematisch folgende Anordnung:

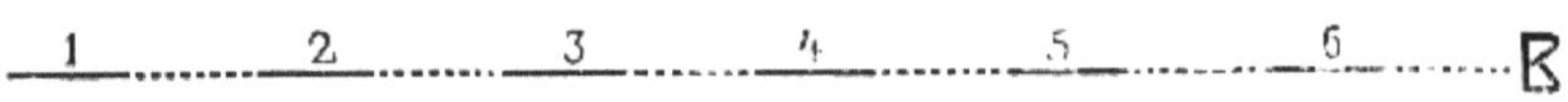

Die (punktiert dargestellte) Pause zwischen den Bildern ist hier nur halb so groß wie vorher; sie ist leichter zu überbrücken, das Auf- und Abwogen und damit das Flimmern wird schwächer.

Nun ist die Frage: läßt sich dies Resultat nicht auch auf andere Weise erreichen? Die Zahl der Bilder, die in der Sekunde gezeigt wird, soll die gleiche bleiben wie in A, nämlich 15; dagegen soll die Pause so kurz oder besser wohl noch kürzer werden wie in B. Das heißt in anderen Worten: der Kinematograph-Mechanismus soll den Film innerhalb einer Sekunde 15 mal still stehen lassen und zwischendurch 15 mal weiterziehen (wechseln), dabei aber den Bildwechsel, der verdunkelt wird, möglichst rasch ausführen. Die Lösung ist sehr naheliegend; sie wird schon zum Ausdruck gebracht durch die Aufgabestellung selbst, und zwar lautet sie schematisch:

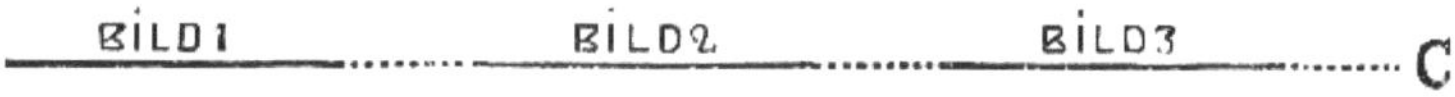

Mit anderen Worten: der Kinematograph-Mechanismus muß so arbeiten, daß er den Film ganz rasch von Bild zu Bild weiterzieht; dafür muß er jedes einzelne Bild entsprechend länger stehen lassen. Denn wenn 15 Bilder in der Sekunde gezeigt werden sollen, so kommt immer nach $^{1}/_{15}$ Sekunde ein neues Bild; also müssen ein Bildstillstand und ein Bildwechsel zusammen $^{1}/_{15}$ Sekunde einnehmen. Je kürzer mithin der Bildwechsel ist, desto länger wird der Bildstillstand. Bei der Anordnung, die das Schema C wiedergibt, nimmt der (punktiert dargestellte) Bildwechsel $^{1}/_{3}$ der Zeit ein, die auf jeden Bildstillstand kommt. Man sagt: wir haben ein Tempo 1 : 3, während vorher bei A das Tempo 1 : 1 war. Wer Spaß hat am Bruchrechnen, kann leicht feststellen, wieviel Teilchen einer Sekunde in beiden Fällen Bildwechsel und Bildstillstand dauern.

Aber weshalb sollen wir nicht weiter gehen und den Bildwechsel noch kürzer machen als im Schema C? Je kürzer der Bildwechsel, desto kürzer ist die Pause zwischen Bild und Bild — desto geringer muß unserer Überlegung nach das Flimmern werden. Weshalb sollen wir z. B. nicht ein Tempo 1: 8 nehmen, wie es das folgende Schema D andeutet, wobei die Lücken den Bildwechsel und die ausgezogenen Linien die Zeit veranschaulichen, während welcher das einzelne Bild stillsteht.

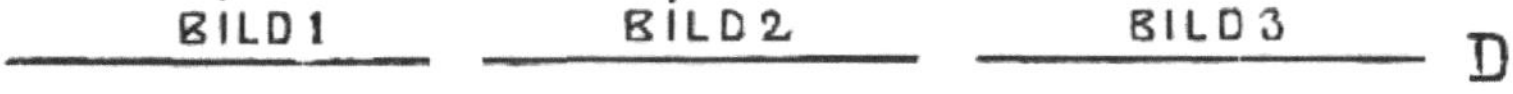

Wenn wir das Tempo hinreichend stark nehmen — sollte man sagen — müßte das Flimmern schließlich so gut wie ganz verschwinden. Aber einstweilen haben wir die Rechnung ohne den Wirt gemacht: wir arbeiten ganz in Gedanken und vergessen die Hauptsache, ob sich auch ein Kinematograph-Mechanismus, der in so starkem Tempo arbeitet, praktisch ausführen läßt. Da müssen wir schon den Konstrukteur fragen, und der antwortet: »Gewiß, wir bauen schon seit Jahren unsere Apparate nach diesem Prinzip und suchen den Wechselvorgang möglichst kurz zu machen. Indessen können wir dabei nicht beliebig weit gehen. Es gibt praktisch bald eine Grenze; denn je stärker das Tempo, desto stärker wird die Beanspruchung des Mechanismus und des Filmbandes, und desto schlimmer deren Verschleiß. Bedenken Sie doch, daß bei einem Tempo 1 : 10 der Film bei jedem Bildwechsel innerhalb $^1/_{150}$ Sekunde weitergezogen werden muß, und das ist ein gehöriger Ruck! Bedenken Sie ferner, daß bei einer Vorführung, die eine Stunde dauert, der Apparat 60000 mal einen solchen Ruck auf den Film auszuüben hat. Immerhin können wir mit dem, was heute praktisch erreicht ist, recht zufrieden sein: bei einem guten Kinematograph ist das Flimmern doch verhältnismäßig gering.«

Konstruktion des Transport-Mechanismus.

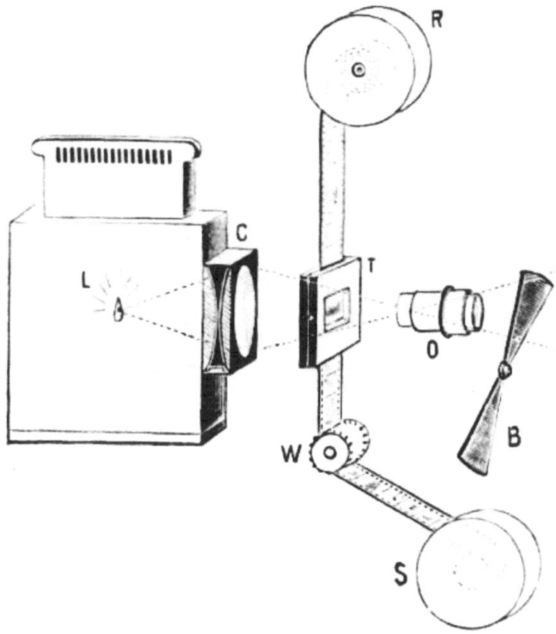

Fig. 28. Schematische Anordnung des kinematograph. Projektions-Apparates.

Nachdem wir nun die wesentlichen Anforderungen, die an den Kinematographen gestellt werden, kennen gelernt haben, wollen wir den Transport-Mechanismus selbst einmal näher betrachten. Zunächst mag uns Figur 28 die allgemeine Anordnung vor Augen führen. Der Film sitzt oben auf einer Spule R und läuft von dort zur Belichtungsstelle T, wo die Bildchen eines nach dem andern »eingerahmt« und von den Lichtstrahlen kräftig beleuchtet werden. Darunter kommt der Bewegungsmechanismus, der dem Film die ruckweise Weiterbewegung gibt; er ist in der Abbildung durch die Zahntrommel W angedeutet. Unten wickelt sich das Filmband auf die Spule S wieder auf. Vor dem Objektiv O dreht sich die Blendscheibe B, die, wie wir wissen, dazu dient, das Weiterrutschen des Filmbandes zu verdecken. Der Vollständigkeit halber ist die Projektionslaterne nebst Beleuchtungslinsen C und Lichtquelle L mit eingezeichnet; der Strahlengang ist durch die punktierten Linien angedeutet.

Die Malteserkreuz-Einrichtung.

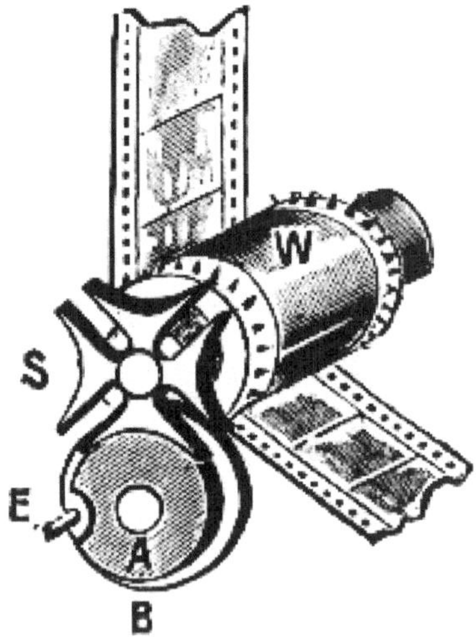

Fig. 29. Ruckweise Weiterbewegung d. Filmbandes durch das Malteserkreuz.

Nun der Bewegungsmechanismus! Eine der am meisten benutzten Anordnungen zur ruckweisen Weiterbewegung des Filmbandes ist das sog. Malteserkreuz, von dem Figur 29 eine perspektivische Ansicht gibt. Der Film läuft um die Zahntrommel W, die mit ihren Zähnen in die Löcher des Bandes eingreift und die es zwingt, alle Bewegungen der Trommel mitzumachen. Auf der Achse der Zahntrommel sitzt eine Sternscheibe S und dieser wird durch eine rotierende Stiftscheibe AB periodisch ¼ Umdrehung erteilt. Dabei schlägt die Zahntrommel gleichfalls um ein Viertel herum und zieht den Film immer genau um ein Bild weiter.

Fig. 34.

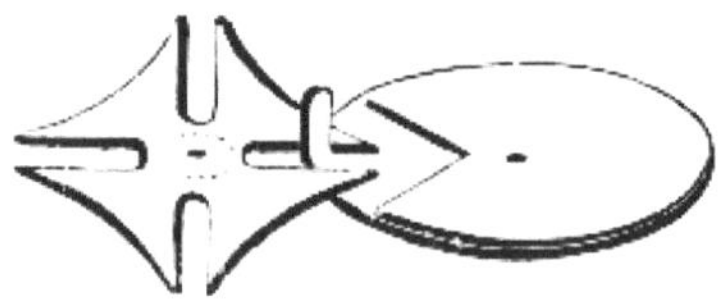

Fig. 35.

Wirkungsweise des aus der Tafel (Fig. 30 bis 33) herzustellenden Malteserkreuz-Modells.

Wie diese Anordnung arbeitet, können Sie sich besser klar machen, indem Sie sich aus den Figuren 30 bis 33 auf der vorgehefteten Tafel ein kleines Modell herrichten. Dazu werden die Figuren mit einem scharfen Messer ausgeschnitten, und zwar recht sorgsam (namentlich das Kreuz). Die kleine Scheibe (Figur 31) klebt man auf das Kreuz; ferner klebt man die beiden Scheiben, Figuren 32 und 33, aufeinander, wobei zu beachten ist, daß der Ausschnitt von Figur 33 auf die punktierte Stelle von Figur 32 kommt. Durch die Mitte eines jeden fertig verklebten Teiles wird ein Loch gebohrt. Nun legt man zunächst das Kreuz auf ein Brettchen oder einen starken Karton derart, daß die aufgeklebte kleine Scheibe nach unten kommt, und steckt durch das Loch eine Nadel hindurch. Dicht dagegen legt man, wie es Figur 34 andeutet, das andere Teil, die ausgeschnittene Scheibe nach oben, und steckt dieses ebenfalls fest. Der Ansatz daran wird hochgebogen. Wenn man nun die Scheibe dreht, so greift sie mit dem Ansatz in das Kreuz ein (vgl. Fig. 35) und gibt diesem eine Vierteldrehung.

Fig. 36. Malteserkreuz für starkes »Tempo«.

Wie man beim Malteserkreuz ein stärkeres Tempo erzielen kann, um dadurch das Flimmern geringer zu machen, deutet Figur 36 an. Man braucht nur die Eingriffscheibe recht groß zu nehmen. So lange die Sternscheibe mit dem schraffierten Teil der Scheibe A in Berührung ist, steht sie still; die Wechslung wickelt sich in der kurzen Zeit ab, wo der Eingriff bei dem nicht schraffierten Teile in Tätigkeit tritt. Allerdings kann man praktisch nicht beliebig weit gehen, da sonst die Beanspruchung von Mechanismus und Film zu groß wird.

Andere Bewegungsmechanismen.

Fig. 37. Greifer.

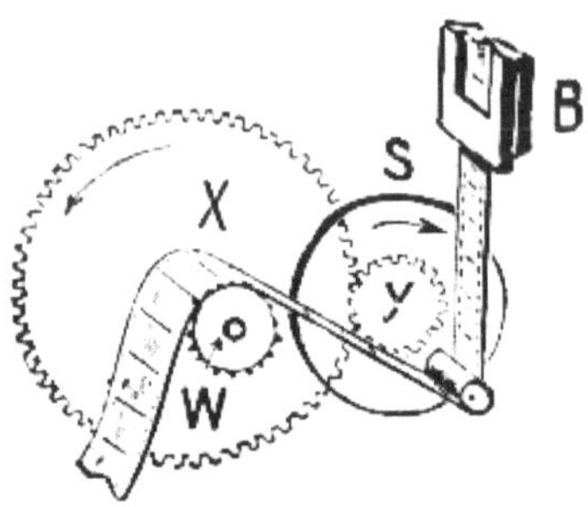

Fig. 38. Schläger.

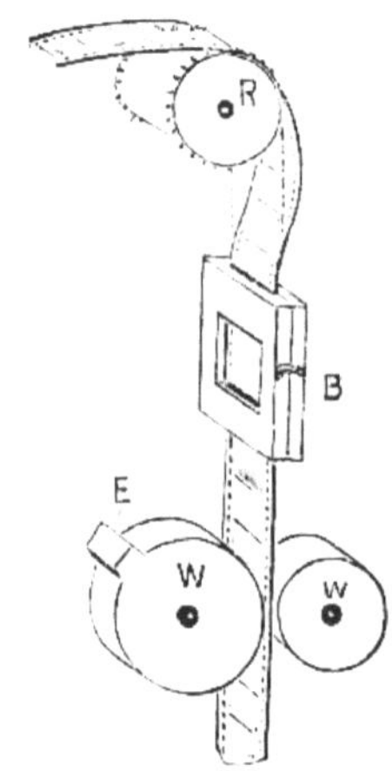

Fig. 39. Klemmzug.

Typische Anordnungen zur ruckweisen Weiterbewegung des Filmbandes.

Es sind nun noch verschiedene andere Vorrichtungen zur ruckweisen Weiterbewegung des Filmbandes in Gebrauch; man kann sie kurz als »Greifer«, »Schläger« und »Klemmzug« oder »Nockenapparat« bezeichnen. Der »Greifer« besteht aus einer auf- und niedergehenden Gabel, wie sie in Figur 37 schematisch angedeutet ist. Sie greift in ihrer obersten Stellung in die Löcher des Filmbandes ein und zieht dieses mit herunter; unten angekommen, läßt die Gabel den Film los und geht dann »leer« hoch, um oben wieder einzugreifen und so das Spiel in gleichmäßigem Gange zu wiederholen. Beim »Schläger«, dessen Anordnung in Figur 38 skizziert ist, schlägt ein auf der rotierenden Scheibe S sitzender Exzenterstift in regelmäßigen Zwischenräumen auf den Film und zieht ihn dabei immer um ein Bild aus der Belichtungsstelle B weiter. Der Nockenapparat besteht im wesentlichen aus 2 Trommeln Ww (Fig. 39), die so dicht beieinander stehen, daß der Film eben frei dazwischen hängen kann. Die große Trommel, welche rotiert, hat an ihrem Umfange einen Nocken E, und jedesmal wenn dieser gegen die zweite Trommel kommt, wird der Film eingeklemmt und mitgezogen. Die Zahntrommel R oberhalb der Belichtungsstelle B schiebt nur genau soviel Film vorwärts, als unten weiter gezogen werden darf.

Kinematographen mit gleichmässig laufendem Filmband.

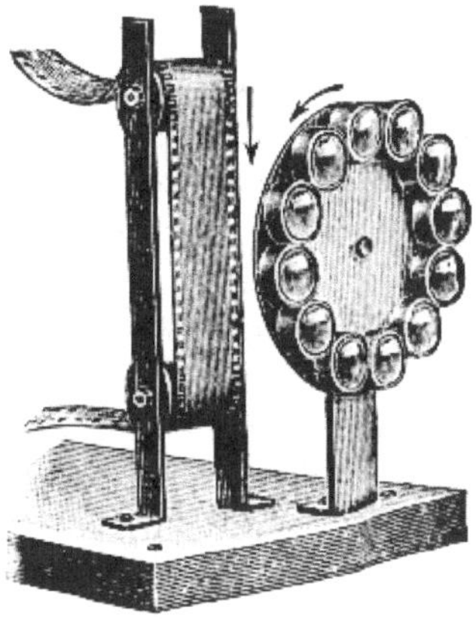

Fig. 40. Schematische Anordnung.

Fig. 41. Apparat von Jenkins.

Kinematograph mit gleichmässig bewegtem Filmband und einer Reihe rotierender Objektive.

Das sind die Hauptkonstruktionstypen, wie wir sie heute im Handel praktisch angewandt finden. Es gibt nun noch eine große Anzahl anderer Anordnungen; interessant ist namentlich eine Gruppe von Apparaten, wobei der Film nicht ruckweise bewegt wird, sondern mit gleichmäßiger Geschwindigkeit läuft. Ich will davon ein Beispiel geben. Sie sehen in Figur 40 links den Film, der über zwei Rollen läuft. Davor befindet sich eine Reihe von Objektiven, die wie ein Kranz auf der Drehscheibe sitzen und einen Rundlauf machen, um eines nach dem anderen in Tätigkeit zu treten. Jedes Objektiv läuft eine kleine Strecke in gleicher Geschwindigkeit mit dem Film zusammen und führt während dieser Zeit die Belichtung aus. Infolge der gleichmäßigen Mitbewegung hält das Objektiv das Bild sozusagen auf dem Film fest, und daher bekommen wir eine vollkommene Schärfe. Bei dieser Anordnung sind ruckweise Bewegungen vermieden. Sowohl der Film als auch sämtliche Teile des Mechanismus bewegen sich mit gleichmäßiger Geschwindigkeit. Daher bietet sich hier die Möglichkeit, den Apparat außerordentlich schnell laufen zu lassen und eine sehr große Anzahl von

Aufnahmen in der Sekunde zu machen, wie es für bestimmte Zwecke erforderlich ist.

Der Amerikaner Jenkins, dem wir die Ausarbeitung dieses Systems verdanken, das übrigens Ducos du Hauron 1864 schon angab, machte mit der in Figur 41 dargestellten Kamera, die 15 Objektive besitzt, über 250 gut exponierte Aufnahmen in der Sekunde. Der Engländer Maskelyne löste die Aufgabe in der Weise, daß er in das Objektiv des Apparates ein rotierendes optisches Organ einbaute, das jedes Bildchen immer eine kleine Strecke mit dem bewegten Filmband mitführt. Auch hier ist die Zahl der Bilder, die man in der Sekunde aufnehmen kann, nur begrenzt durch die Lichtempfindlichkeit des Negativfilm. Aber ebenso wie bei Jenkins ist die Ausführung sehr kostspielig: ein Apparat dieser Art, den die britische Artillerie-Prüfungskommission zur Photographie fliegender Geschosse benutzt, stellte sich auf Mk. 10000. Eine noch höhere Leistungsfähigkeit erzielte Cranz; ihm gelang es, eine Einrichtung zu konstruieren, womit in der Sekunde auf den mit 90 Meter Geschwindigkeit laufenden Film 5000 Bilder gemacht wurden. Dieser Apparat dient erfolgreich dazu, fliegende Geschosse und ihre Wirkung kinematographisch aufzunehmen.

Ausstattung des Kinematograph-Mechanismus.

Für die gewöhnlichen Zwecke der Kinematographie werden, abgesehen von unwesentlichen Abänderungen, nur die zuerst besprochenen Konstruktionen benutzt, die den Film ruckweise weiterbewegen. Wenn man nun einen vollständigen Kinematograph-Mechanismus ansieht, so findet man noch allerlei Räderwerk und verschiedenerlei Vorrichtungen daran; namentlich die für Kinematographentheater bestimmten Apparate werden sozusagen mit allen Schikanen ausgerüstet. Da ist z. B. für den Schutz des Films gegen die heißen Lichtstrahlen gesorgt. Das Zelluloid, woraus das Filmband besteht, ist ein leicht entflammbares Material, und es tritt daher bei Stillstand des Mechanismus, wo die Strahlen Zeit haben, auf den Film zu wirken, die Gefahr auf, daß es entzündet wird. Dies wird nun verhindert durch eine Sperrklappe, die beim Betriebe durch einen Regulator geöffnet wird und sich selbsttätig schließt, sobald der Apparat aufhört zu laufen. In

Figur 42 ist ein derartiges Modell wiedergegeben. Figur 43 zeigt einen einfacheren Kinematograph-Mechanismus in Verbindung mit einer Projektionslaterne, wie er in Vereinen und Schulen gebraucht wird. Der Antrieb wird bei den Theaterapparaten in der Regel durch einen kleinen Elektromotor bewirkt, während man das Werk sonst mit der Hand dreht.

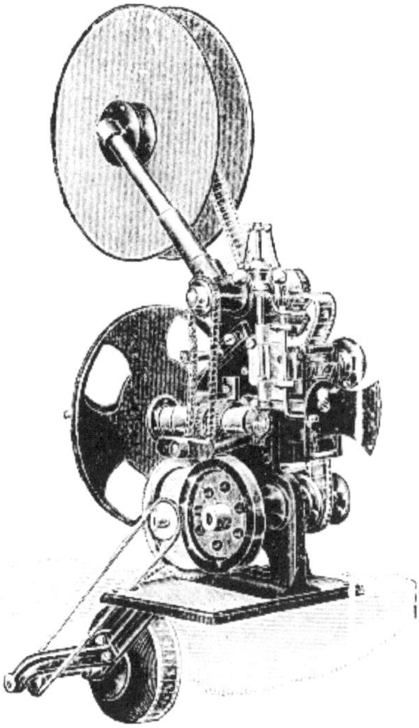

Fig. 42. Mechanismus eines Theater-Kinematographen.

Fig. 43. Einfacherer Kinematograph in Verbindung mit der Projektionslaterne.

Der Aufnahmeapparat.

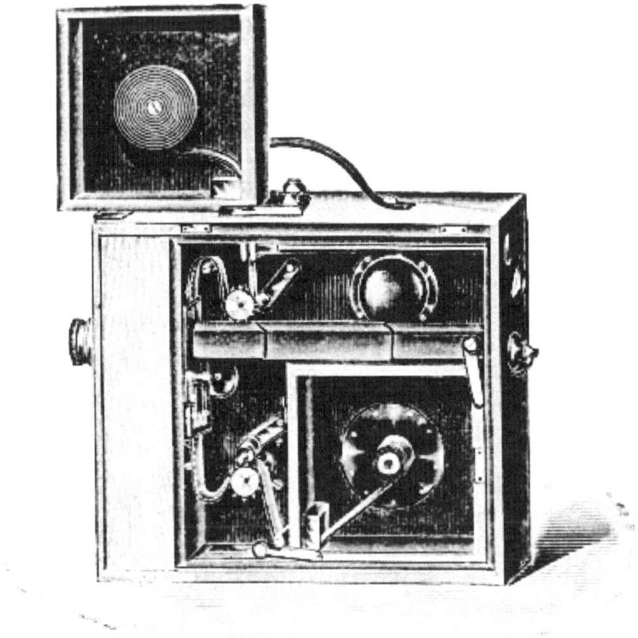

Fig. 44. Kinematographischer Aufnahme-Apparat mit eingespanntem Film (geöffnet).

Wir wollen uns nun auch den Aufnahmeapparat einmal näher ansehen. Der lichtempfindliche Film sitzt, wie Figur 44 zeigt, in der oben angebrachten Kassette, läuft dann um die obere Zahntrommel und wird von dieser der Belichtungsstelle zugeführt. Vorne im Apparat, hier nicht sichtbar, befindet sich der Mechanismus, in diesem Falle ein Greifer, der den Film ruckweise vorwärts bewegt. Der unten stoßweise austretende Film läuft dann über die zweite Zahntrommel und wird dadurch der unteren Kassette in gleichmäßiger Bewegung zugeführt. Zu einem vollkommenen Apparat gehört nun u. U. noch eine Einstellvorrichtung, ein Zähler, der angibt, wieviel Film belichtet ist, und ein Geschwindigkeits-Anzeiger, woran der Photograph kontrollieren kann, ob er die Kurbel mit der richtigen Schnelligkeit dreht.

Fußnote:

[C] Dieses Schema deutet ebenso wie die folgenden einen Vorgang an, der sich in $^1/_5$ Sekunde abspielt.

Das kinematographische Aufnahme-Verfahren.

Wie man mit der Aufnahmekamera arbeitet.

Figur 45 zeigt uns den Photographen bei der Arbeit. Das Photographieren an sich ist einfach, wenn man einmal mit einer Kamera umzugehen weiß. Der Apparat sitzt auf einem recht kräftigen Stativ, man richtet ihn auf den Gegenstand und dreht die Kurbel. Wenn sich aber der Gegenstand, wie hier der Dampfer, fortbewegt, so muß man mit der Kamera nachfolgen, und dazu gehört Geschick und Übung. Überhaupt werden kinematographische Aufnahmen dadurch komplizierter, daß während des Belichtens leicht etwas Unvorhergesehenes eintreten kann.

Aufnahmeateliers.

Fig. 45. Herstellung einer kinematographischen Aufnahme.

Einstudierte Szenen bieten, wenn sie sich programmäßig abwickeln, bei der Aufnahme selbst am wenigsten Schwierigkeiten, dagegen schaffen sie vorher viel Mühe und Arbeit. Die bedeutenderen Filmfabriken haben dazu riesige Ateliers und beschäftigen ein gut eingeschultes Personal von Schauspielern, die einem tüchtigen Regisseur unterstellt sind. Viele tausend Meter Films werden da tagtäglich geschaffen und in alle Welt hinausgeschickt.

Lebensgeschichte des Kinematographenfilm.

Wenn man nun die Lebensgeschichte des Kinematographenfilm, wie er nachher durch den Projektions-Apparat läuft, verfolgen will, so muß man zunächst in eine der großen Zelluloidfabriken gehen. Da wird das Zelluloid in breiten Bändern und in Längen bis zu 50 Metern gegossen: es ist eine schwierige Fabrikation, deren Ausarbeitung sehr große Erfahrung und jahrelange Versuche erforderte. Nur einige wenige Werke vermögen den Rohfilm in der richtigen Beschaffenheit: fest und geschmeidig, glasklar und fehlerlos, herzustellen. Noch schwieriger gestaltet sich die Bereitung eines tauglichen, unverbrennbaren oder doch schwer brennbaren Filmmaterials, wie es im Zellit vorliegt, das gegenüber dem leicht entzündlichen Zelluloid große Vorzüge bietet.

In einem anderen Werke oder in einer anderen Abteilung des ersteren wird beim Lichte roter Lampen auf das breite Zelluloidband die lichtempfindliche Emulsion aufgetragen, eine Emulsion derart, wie man sie für photographische Platten anwendet. Dann läuft das Band durch eine Schneidemaschine, die es mit Tellermessern in schmale Streifen zerteilt, wie der kinematographische Apparat sie braucht. Diese Streifen wandern nun, zu Rollen gewickelt, in die Filmfabrik. Deren erste Arbeit besteht darin, die Streifen mit der Perforation zu versehen. Das geschieht, ebenfalls in rot beleuchteten Räumen, durch Perforiermaschinen, die stündlich viele tausend Löcher einstanzen. In größeren Werken sind deren mehrere Dutzend in rastloser Tätigkeit. Von diesen Maschinen wird größte Präzisionsarbeit verlangt: die Abstände der Löcher müssen genau innegehalten werden; denn die geringste Abweichung würde nachher bei der Projektion ein Tanzen des Lichtbildes verursachen. Nun sind die Films gebrauchsfertig und werden dem Photographen übergeben, der sie den Kassetten seiner Kamera einverleibt.

Inzwischen herrscht im Aufnahme-Atelier des Werkes eine fieberhafte Tätigkeit: viele Köpfe und Hände bereiten die Szene vor. Nachdem die Idee zu dem Stück, sei es Drama, Tragödie oder Komödie, glücklich heraus ist, nachdem die literarische Abteilung Band um Band der Bibliothek gewälzt und die Einzelheiten bearbeitet hat, heißt es, das zur Aufführung erforderliche Material herbeischaffen. Ein Heer von Tischlern, Malern, Tapezierern und Dekorateuren stellt fertig, was sich in der Requisitenkammer nicht vorfindet. Die Szenerien werden möglichst naturgetreu u. realistisch zusammengesetzt. Der Regisseur wählt die Schauspieler und verteilt die Rollen; der kundige Garderobenverwalter gibt die Kostüme aus. Nun wird geprobt und instruiert, bis alles klappt. Hier wird noch ein Versatzstück zurecht gerückt, dort legt in einem der Ankleideräume der Friseur die letzte Hand an — endlich kann die Vorführung stattfinden.

Kurz, es geht zu wie in einem Theater. Und auch die Ausstattung der Ateliers ist die wie einer Bühne, aber raffiniert und vollkommen, wie bei der modernsten Bühne. Ob nun die Szene auf dem Lande oder Wasser sich abspielt, auf dem Mond oder im Mittelpunkt der Erde; ob es eine männermordende Schlacht gilt, eine Jagd, ein Schauspiel, Lustspiel oder ein phantastisches Märchen: für alles ist gesorgt. Aber anders als im Theater flutet hier durch ein mächtiges Glasdach das Tageslicht hinein, ergänzt oder, wenn nötig, gar ersetzt durch eine Reihe elektrischer Lampen von ungeheurer Kraft, deren violettdurchsetzte Strahlen wie Sonnenbrand in die Haut stechen. Diese Lichtfülle verlangt der kinematographische Aufnahmeapparat, der als einziger Zuschauer und dabei als unerbittlich strenger Kritiker der Aufführung beiwohnt: jeder Fehler, jede falsche Bewegung wird unweigerlich von ihm festgehalten.

Zu gleicher Zeit arbeitet eine andere Gruppe von Schauspielern draußen in freier Natur, manchmal weit, weit fort, an der Stätte selbst, wo das dargestellte geschichtliche Drama sich vor soundsoviel Jahren oder Jahrhunderten abspielte. Keine Kosten werden gescheut, die historische Treue zu wahren. In noch größerer Ferne, vielleicht schlimmen Entbehrungen und bösen Abenteuern ausgesetzt, ist der Reisephotograph tätig, dem es obliegt, wertvolle Aufnahmen von Land und Volk mit nach Hause zu bringen. Galt es fremde Erdteile und unbekannte Gegenden aufzusuchen, so mußte, wie zu wissenschaftlichen Forschungsreisen, eine regelrechte Expedition ausgerüstet werden, die schon viele Tausende kostet, ehe es losgeht.

Die Aufnahmen sind gemacht, die Films belichtet. Nun gilt es, die Bänder zu entwickeln und die Bilder zum Vorschein zu bringen. Diese Arbeit muß mit großer, großer Sorgfalt geschehen. Denn ein einziger Fehler, eine einzige Unachtsamkeit könnte die ganze Vorarbeit mit ihren oft unsäglichen Kosten zunichte machen. Drum herrscht peinlichste Sauberkeit; alle Einzelheiten des Betriebes sind geregelt und werden streng überwacht. Anders sieht es da aus, als in der üblichen photographischen Dunkelkammer; heißt es doch, die Riesenschlangen von Films zu bändigen und ständig unter Kontrolle zu halten. Während einige Fabriken sie auf Rahmen spannen, bedienen sich andere Werke großer Wickel-Trommeln. Die Bäder sind in Porzellanbecken untergebracht — Becken so groß wie Badewannen. Zuerst hängt die Trommel über dem Entwicklerbecken. Sie taucht unten ein und wird durch einen Elektromotor gedreht, so daß alle Teile gleichmäßig benetzt werden. Sobald die Entwicklung beendet ist, wandert die Trommel zum nächsten Becken, wo der Film eine kräftige Wasserspülung erfährt. Das dritte Becken enthält Fixierbad, dann kommt wieder Wasserspülung, zum Schluß ein Wasserbad mit Glyzerinzusatz, der dem Film Geschmeidigkeit verleiht. Inzwischen wandern andere filmbewickelte Trommeln den gleichen Weg von Becken zu Becken hinterher.

Fig. 46. Trockenraum einer Filmfabrik.[D]

Nun kommen wir wieder ins Helle, in einen großen Raum, wo die Films auf riesigen Trommeln getrocknet werden. (Fig. 46). Die durchströmende Luft ist filtriert, damit nur ja kein Stäubchen darauf kommt. Auf das Trocknen folgt eine sorgsame Prüfung und Reinigung.

Was wir jetzt haben, ist der fertige Negativfilm, wie ihn Figur 24 zeigte. Diesen Negativfilm begleiten wir weiter zur Kopierabteilung. Da schafft man als Arbeitsmaterial für die Maschinen viele Rollen lichtempfindlicher Films hin, die soeben perforiert worden sind; sie tragen die Bezeichnung »Positivfilm« und haben eine weniger empfindliche Emulsion als die zur Aufnahme bestimmten Films. Alle Maschinen — man hört's am klappern — scheinen in emsiger Tätigkeit. Doch an einer Stelle können wir, so gut es bei dem roten Lichte geht, gerade zusehen, wie ein Arbeiter frisch ladet, wie er Negativ- und Positivfilm einspannt, wie der Motor anzieht, und wie nun die beiden Films, Schicht auf Schicht, Schritt um Schritt am Fensterchen vorbei gezogen werden, wo eine Glühlampe die Belichtung besorgt. Wie im gesamten Betrieb, geht auch hier die Arbeit glatt und flott vonstatten. Und auf ein rasches Arbeiten muß man gerichtet sein; kommt es doch manchmal vor, — bei aktuellen Aufnahmen ist dieser Fall nicht selten — daß der Film noch an demselben Tage fertig herausgebracht werden soll, um abends im Theater zur Vorführung zu gelangen.

Die belichteten Positivrollen kommen in den uns bekannten Entwicklungsraum, und dort winden sich nun wieder die Filmschlangen durch die sauren Bäder und Wasserbrausen, bis sie ein prächtiges, klares Bildergewand zeigen, das in die nächste Stube zum Trocknen gehängt wird. Es folgt dann noch ein großes Reinemachen, wobei Maschinen helfen, und eine genaue Besichtigung. Manche der Aufnahmen erfahren noch eine weitere Bearbeitung: mit Hilfe chemischer Tonbäder werden die dunkeln Partien gefärbt. — Sie haben solch einfarbige Darstellungen, z. B. blaue Seestücke mit schneeweißem Gischt, wohl schon gesehen. Oder die Bänder werden durch einfache Farblösungen gezogen, wobei die ganze Schicht einen gleichmäßigen Ton annimmt. Andere Films sollen hinwieder naturfarbig herausgebracht werden. Da heißt es, künstlich Farbe auftragen. Während dies sonst mit der Hand geschieht, ersetzen die großen Fabriken das Heer hunderter Koloristinnen durch sinnreiche Maschinen. Bei diesem maschinellen Verfahren muß man mehrere der Films, welche die betreffenden Aufnahmen darstellen, opfern. Aus diesen werden nämlich Schablonen hergestellt, für jede Farbe eine. Der Arbeiter schneidet dazu mit großem Geschick zunächst aus einem Film, Bild um Bild, alle die Stücke aus, die rot werden sollen. Dieser Schablonenfilm läuft nun mit dem zu kolorierenden Film, wobei sich die Bildteile beider genau decken, durch die Maschine und diese trägt mechanisch durch die ausgeschnittenen Stücke rote Farbe auf. Dann erhalten ein zweiter, dritter und wer weiß wie viele Films mit Hilfe derselben Schablone den gleichen »Aufdruck« in rot. Inzwischen ist der zweite Schablonen-Film fertig geworden, bei dem alle blauen Stücke ausgeschnitten sind. Nun wird die ganze Reihe mit diesem »gedruckt«, worauf in gleicher Weise die übrigen Farben daran kommen. Diese Methode lohnt sich natürlich nur für einen Betrieb, der eine große Anzahl Films in kolorierter Ausführung absetzen kann.

Die fertigen Films, kolorierte, getönte und schwarze, laufen im Versandraum zusammen. Unterdessen hat die kaufmännische Abteilung die Reklametrommel gerührt, Filialen in allen Weltteilen haben die ersten Kopien bekommen und den Interessenten vorgeführt unter der Ankündigung, daß der Film am soundsovielten verausgabt wird. Die Bestellungen sind notiert und nun wird geschafft, damit alles zum Termin da ist. Und gehörig muß geschafft werden, wenn der Film sich als »Schlager« oder »Kassenmagnet« erwiesen hat.

Wie die Trickfilms hergestellt werden.

Was in diesen Filmfabriken alles aufgeführt und photographiert wird, ist staunenswert. Phantasie und Unternehmungsgeist überbieten sich, immer Neues und Originelles zu schaffen, seien es nun dramatische Darstellungen oder Tragödien, Märchen oder Geschichten zum Totlachen. Sie haben vielleicht mancherlei Derartiges in Kinematographen-Theatern gesehen. Aber vielleicht haben Sie auch einmal Vorführungen gesehen, die mit ihren zauberhaften Vorgängen verblüffend wirkten und wobei Sie sich fragten: wie wird das gemacht? — Da gibt es z. B. ein Stück, worin ein Mann an den Wänden heraufkriecht und an der Decke hinläuft. Die Lösung ist ganz einfach. Bei der Aufnahme werden auf den Boden des Ateliers abwechselnd Dekorationen gelegt, welche die Seitenwände und die Decke eines Zimmers darstellen; der Mann kriecht oder läuft darüber und wird von oben her photographiert.

Fig. 47. Verwandlungsszene.[E]

Ein beliebter Trick ist die Verwandlung von Personen; sie läßt sich bei kinematographischen Aufnahmen leicht ausführen. In der Szene, woraus in Figur 47 ein paar Bilder wiedergegeben sind, verwandelt sich z. B. die alte Bettlerin in eine Fee. Dazu wurde einfach zwischen dem zweiten und dritten Bild die Aufnahme unterbrochen; die Bettlerin wirft ein anderes Gewand über oder wird durch eine andere Person ersetzt, der Photograph öffnet wieder das Objektiv und dreht weiter.

Noch ein Beispiel! Der Kinematograph führt folgende Szene vor, die in den Figuren 48 bis 51 angedeutet ist. Ein Betrunkener liegt auf der Straße. Ein Automobil saust heran und fährt ihm beide Beine ab (Fig. 48). Der Mann schreit nach und schwenkt die Beine in der Luft (Fig. 49). Das Auto hält, der Insasse läuft heran, er flickt ihm die Beine wieder an (Fig. 50) und beide ziehen zufrieden von dannen (Fig. 51). — Nun die Lösung! Auch hier wird die Aufnahme unterbrochen, und zwar zuerst in dem Moment, wo das Automobil herangekommen ist.

Das Auto hält an. Der Betrunkene wird ersetzt durch einen Krüppel, dem beide Beine fehlen, und ein Paar künstlicher Beine wird davor gelegt. Die Auswechslung der Personen ist in Figur 52 wiedergegeben. Dann tritt der kinematographische Apparat wieder in Tätigkeit; das Auto, dessen Weg genau vorgezeichnet ist, fährt nochmals heran und saust darüber hinweg. Nachher, wird die Aufnahme abermals unterbrochen und der Krüppel wieder durch den Betrunkenen ersetzt.

Fig. 48.

Fig. 49.

Fig. 50.

Fig. 51.

Szenen aus einem Trickfilm.

Fig. 52. Erklärung des Trick: Die Auswechslung der Personen.

Von diesem einfachen Hilfsmittel der Aufnahme-Unterbrechung wird häufig Gebrauch gemacht. Der Film, geduldig wie er ist, reiht Bild an Bild auf, wie und wann es dem Photographen gefällt. Und das Publikum bekommt nachher die Bilder in sausender Folge vorgeführt; es merkt nicht, daß der Kinematograph lügt, daß da zwischen einzelnen Bildern ganze Stücke fehlen — kein Wunder, daß ihm die Vorgänge zauberhaft erscheinen. Da gibt es die unglaublichsten Sachen zu sehen. Leblose Gegenstände führen einen Tanz auf; Streichhölzer spazieren aus der Dose, die sich selbst öffnet, und bauen sich zu Figuren auf; Werkzeuge leisten Arbeit, eine Säge zerschneidet ein Brett ohne Zutun. — Wie leicht ist das alles zu machen, wenn man einmal den Kunstgriff kennt, wie einfach ist die Erklärung, wenn man einmal weiß, daß die Hilfsvorgänge, die dem Zuschauer verborgen bleiben sollen, nicht mit photographiert werden!

Drollige Wirkungen erzielt man durch Rückwärtsdrehen des Filmbandes. Alle Bewegungsvorgänge kehren sich um. Pferde rennen rückwärts, Steine rollen bergauf. Der Schwimmer saust mit den Beinen voran aus dem Wasser und landet auf dem Sprungbrett, dann fliegen ihm die Kleider an den Leib.

Der Raucher saugt den Rauch aus der Luft auf und seine Zigarre brennt immer länger — denken Sie es selbst weiter aus!

Die Hilfsmittel des Photographen sind damit nicht erschöpft. Er schafft die wunderbarsten Effekte, indem er Aufnahmen kombiniert und übereinanderdruckt. Dem Träumer erscheinen winzig kleine Feen, die aus Blumen entsteigen und einen Reigen aufführen; oder es taucht eine Miniatur-Tänzerin in einem gefüllten Wasserglas auf, um sich dazu zu bewegen und dann wieder allmählich wie im Nebel zu verschwinden. Kurz, kein Märchen ist so seltsam, keine Phantasie so erfindungsreich, als daß nicht der Kinematograph ihr beikäme und die Gedanken in seine Lichtbilder-Wirklichkeit umzusetzen vermöchte.

Fußnoten:

[D] Mit Genehmigung der Charles Urban Trading Co., London.

[E] Die Figuren 47 bis 52 sind hergestellt nach Aufnahmen der Firma Léon Gaumont, Paris, und zwar mit Genehmigung der Pariser Zeitschrift ›L'Illustration‹, in der sie erschienen.

Die Bedeutung des Kinematographen.

Der Kinematograph als Forscher und Lehrer.

So bewundernswert nun auch die technischen Leistungen bei solchen Aufnahmen sein mögen: in diesen Kunststücken darf man nicht den Hauptwert des Kinematographen suchen. Seine eigentliche Bedeutung liegt auf anderem Gebiete: In der Hand des Naturfreundes ist der Kinematograph ein großer Forscher geworden. Er schaut durchs Vergrößerungsglas und verfolgt das Treiben der kleinen Lebewesen; er belauscht die Vögel in ihren Nestern; er beobachtet die Pflanzen und Blumen, wie sie wachsen, verblühen und vergehen; dann wieder sucht er fremde Länder und Völker auf und studiert ihre Sitten und ihren Sinn, oder er geht mit dem Techniker in große industrielle Werke. Er sieht alles, schreibt alles auf seinem Film auf, nichts entgeht ihm. Und so oft man will, erzählt er alles getreu bis in die kleinsten Einzelheiten wieder.

Dem Gelehrten vermag der Kinematograph unschätzbare Dienste zu leisten, indem er festhält, was des Menschen Auge nicht mehr verfolgen, nicht mehr unterscheiden kann. Und uns steht durch den Kinematographen die ganze Welt mit ihrem Getriebe offen. Was die Natur im Großen und im Kleinen nur darbietet, was der Mensch nur erschafft, alles bringt dieser Wunderapparat vor unser Auge. In spielender Unterhaltung zeigt und lehrt er innerhalb einer Stunde mehr, als mancher nach langem, schwierigem Studium beobachtet oder auf kostspieliger, weiter Reise gesehen hat.

Macht der kinematographischen Darstellung.

Wie lebendig und überzeugend ist seine »Sprache«! Wer noch nie am Meere gewesen ist, erhält wohl von einer Photographie oder einem Gemälde einen Eindruck der unendlichen Wasserfläche; aber erst der Kinematograph zeigt ihm, wie die mächtigen Wogen dahingehen, wie sie brandend auf den Sand rollen oder hoch aufschäumend gegen die Felsküste schlagen, zeigt ihm, wie ein Ozeandampfer hinausfährt oder ein Kriegsschiff manövriert.

Diese lebendige Sprache verleiht auch dem kinematographischen Drama eine so mächtige Wirkung. Statt des Phantasiebildes, das wir beim Lesen gewinnen, drängt sich hier gewissermaßen leibhaftige Wirklichkeit auf. Ja, da dem »taubstummen« Stücke die Worte fehlen, wird die Handlung zusammengedrängt: was uns der Roman im Laufe von Stunden erzählt, wickelt sich hier in Minuten ab — daher atemlose Spannung von Anfang bis zu Ende. Kraftvollen Schriftstellern ist das kinematographische Drama ein vorzügliches Ausdrucksmittel.

Das Kinematographen-Theater.

Praktische Anwendung hat der Kinematograph in umfangreichem Maße in den Kinematographen-Theatern gefunden, besitzt doch bei uns jede Stadt von soundsoviel tausend Einwohnern mindestens ein solches Theater (wenn nicht, wie heißt der verwaiste Ort? Interessenten bezahlen den Nachweis). In den Programms herrschen die dramatischen Darstellungen vor. Man sucht vielfach volle Häuser zu gewinnen, indem man dem Sensationsgelüste der Menge entgegenkommt und im Übermaße aufregende, nervenreizende Stücke bringt. Diese Tendenz zahlreicher Unternehmungen: »Sensationell um jeden Preis« hat dem Kinematograph einen bösen Ruf eingebracht und Gegenbewegungen ins Leben gerufen. Gewiß ist auch viel Erfreuliches zu verzeichnen, vielerlei schöne Aufnahmen werden gezeigt, die hohen Bildungswert besitzen. Diesen möchte ein größerer Platz eingeräumt werden. Solange indessen das Volk gerade an den garstigen Stücken seinen Gefallen bekundet, solange Filmfabriken und Theater sehen, daß sie damit ihre besten Einnahmen machen, ist eine gehörige Besserung schwerlich zu erwarten.

Das Tonbild.

Im Kinematographen-Theater findet man auch das Tonbild, die Verbindung von Kinematograph und Sprechmaschine. Der eine Apparat stellt die bildliche Szene dar, während der andere die Figuren sprechen, singen und musizieren läßt. Die Aufnahmen dazu mit kinematographischer Kamera und Grammophon werden getrennt vorgenommen, und zwar erfolgt die eine an Hand der anderen. Damit sich nun bei der Wiedergabe Bild und Ton genau decken, damit also nicht die Bewegungen den Worten vorauseilen oder dahinter zurückbleiben, müssen beide Apparate Hand in Hand — man sagt »synchron« — laufen. Diese Forderung zu erfüllen, werden Sie denken, ist eine einfache Aufgabe — gewiß: man braucht nur die Räderwerke von Kinematograph und Sprechmaschine durch eine geeignete Übersetzung »zwangläufig« miteinander zu verbinden; dann muß der eine genau mit dem anderen gehen, er kann nicht vorstreben oder zurückbleiben. Indessen bietet die praktische Ausführung insofern eine Schwierigkeit, als man das Grammophon, um die richtige Wirkung zu erzielen, beim Projektionsschirm, also weit vom Kinematograph entfernt, aufstellt. Aber auch eine andere Forderung ist schwer mit dieser Lösung in Einklang zu bringen: die Sprechmaschine muß nämlich mit einer bestimmten Geschwindigkeit laufen, damit der Ton die richtige Höhe erhält, und sie ist darin sehr empfindlich — jede Abweichung bringt einen Mißton. Nun ist der Kinematograph ein unruhiger Bruder; er läuft nicht so gleichmäßig: da kommt z. B. einmal eine Klebstelle im Filmband, die momentan eine geringe Verzögerung der Geschwindigkeit herbeiführt — in diesem Augenblick schreit die Sprechmaschine, der Ton geht herunter, um sofort wieder in die Höhe zu schnellen. Um diesen Übelstand zu vermeiden, läßt man das Grammophon, so wie es soll, ruhig für sich laufen und reguliert nun nach seinem Gang mittels einer Anzeigevorrichtung die Geschwindigkeit des Kinematographen. Derartige Vorrichtungen — man nennt sie »Synchronismen« — gibt es verschiedene. Hier sind es optische Signale, wonach der Operateur den Gleichlauf kontrolliert, dort auf elektrischem Wege übertragene Zeichen; bei anderen hinwieder geschieht die Regelung automatisch: der Motor des Kinematographen wird selbsttätig in seiner Geschwindigkeit korrigiert, wenn die Übereinstimmung aussetzt.

Fehlerhafte Erscheinungen.

Da wir grade im Kinematographen-Theater sind, höre ich Sie die Frage stellen: woher kommt es, daß man zuweilen auf dem lebenden Lichtbilde vorwärts fahrende Wagen mit schleifenden oder gar rückwärts laufenden Rädern sieht? Nun, suchen wir einmal die Erklärung! Bei der Aufnahme der Szene machte die kinematographische Kamera etwa 15 Belichtungen in der Sekunde, also wurde auch das Rad 15 mal in der Sekunde photographiert. Nun hat sich das Rad zwischen den einzelnen Aufnahmen stets um ein Stück gedreht, und wenn es der Zufall will, so ist in dieser Zeit immer eine Speiche genau an die Stelle der nächsten getreten. Da eine Speiche aussieht wie die andere, bietet dann das Rad auf allen Bildern das gleiche Aussehen; unser Auge nimmt also keine Bewegung in den Speichen wahr und wir meinen, das Rad stände still. Nehmen wir nun an, das Rad laufe etwas langsamer wie vorher. Dann bleibt die Speiche, welche bisher — in der Zeit von Aufnahme zu Aufnahme — immer genau an Stelle der Nachbarspeiche getreten war, etwas gegen diese zurück. Unser Auge verwechselt nun diese Speichen, die in den aufeinanderfolgenden Bildern so nahe beieinander sind, und wir nehmen eine langsame Rückwärtsdrehung wahr. Es brauchte nur eine einzige der Speichen eine abweichende Form zu besitzen, so fiele die Ursache zu dieser optischen Täuschung fort und wir würden sehen, wie diese Speichen sich richtig drehen und wie das Rad vorwärts rollt.

Ferner fragen Sie: manchmal sieht man in den kinematographischen Darstellungen überhastete Bewegungen! — Diese Erscheinung tritt ein, wenn der Vorführer den Apparat zu rasch laufen läßt. Es ist leicht verständlich: je rascher man den Film durchlaufen läßt, desto schneller spielt sich die Szene ab. Die Bewegungen können nur dann natürlich wirken, wenn die Wiedergabe mit der gleichen Geschwindigkeit, also mit der gleichen Bilderzahl in der Sekunde, erfolgt wie die Aufnahme. Endlich: woher kommt es, daß man zuweilen im lebenden Lichtbilde ein unangenehmes Flickern wahrnimmt? — In solchem Falle wird zur Vorführung ein alter oder schlecht behandelter Film benutzt, der, wie man sagt, »verregnet« ist. Mit jedem neuen Bilde, also 15 mal in der Sekunde, erscheinen immer wieder andere Flecken und Kratzen, die bald hier, bald dort sitzen und daher auf unser Auge wie ein Gewirre tanzender Mücken wirken.

Das lebende Lichtbild in Schule und Vortragssaal.

Ein großes Anwendungsgebiet steht dem Kinematographen noch offen: die Schule; sie hat sich des lebenden Lichtbildes bisher noch wenig angenommen. Und doch stellt der kinematographische Apparat ein ausgezeichnetes Anschauungsmittel dar, das dem Lehrer große Hilfe bietet und gleichzeitig eine Erweiterung des Lehrplanes ermöglicht. Praktische Vorschläge, die auf die Einführung des Kinematographen in die Schule hinzielen, sind schon ausgearbeitet worden. Das Gleiche gilt vom Hörsaal der Hochschulen und Universitäten, sowie vom Unterricht in Kunstschulen, der auch durch geeignete Aufnahmen gewinnen wird.

In Vereinen und bei öffentlichen Vorträgen, wo die Benutzung des Lichtbilderapparates fast zur Regel geworden ist, findet man den

Kinematographen schon häufiger. Mag der Vortragsredner auch sprechen über Länder und Völker, über Tiere und Pflanzen, über technische Betriebe oder über Luftschiffe und Flugmaschinen — wenn er nicht das Objekt selbst demonstrieren kann: gibt es für ihn ein besseres Anschauungsmittel als das lebende Lichtbild?

Einer ausgedehnteren Verwendung des Kinematographen in Schule und Verein steht heute weniger im Wege wie ehedem, wo ein solcher Apparat sehr kostspielig war. Für einige hundert Mark kann man jetzt schon eine leistungsfähige praktische Einrichtung erhalten; ist bereits ein Lichtbilderapparat vorhanden, so kommt man wesentlich billiger weg, weil dann nur der Mechanismus zu beschaffen ist. Ferner liegt ein umfangreiches Material an guten, lehrhaften kinematographischen Aufnahmen vor, deren Zahl ständig vermehrt wird, und es gibt viele Anstalten, die Films verleihen.

Was es an lehrhaften Films gibt.

Alle Weltteile, aller Herren Länder sind in kinematographischen Darstellungen vertreten. Da gibt es Films von Rom, Pompeji, Venedig, von Konstantinopel, Moskau und Tiflis; nicht minder solche, die uns Berlin, London, Paris zeigen. Die berühmten Stätten Palästinas und Egyptens sind ebenso im lebenden Bilde festgehalten, wie die interessantesten Plätze aus Indien, China und Japan. Der Rheinfall bei Schaffhausen, die Strudel des Zambesi und der Niagara haben dem Photographen und seiner Kurbelkamera »Modell gestanden«; selbst der Südpol ist kinematographisch erobert, nachdem Shackleton in seiner Nähe erfolgreich Aufnahmen gemacht hat. Ein gleichfalls großes Kapitel der Filmaufnahmen betrifft die verschiedenen Völker in ihren Sitten, Gebräuchen und in ihrer Gewerbetätigkeit, sowie anschließend daran die moderne Technik. Arabische Töpferei, indische Seilerei, Kriegstänze der Südseeinsulaner, chinesische Hochzeit, Walfischfang, Krokodiljagd, Straußenzucht, Gewinnung und Verarbeitung des Tees und der Baumwolle — vom Felde bis zum Versand des fertigen Produktes, Betrieb in den Diamantminen Südafrikas und den Goldgruben Australiens; dann bei uns: Eisengießerei, Herstellung von Eisenbahnschienen und von Lokomotiven, Wagenbau, Werkzeugmaschinen in Tätigkeit, Stapellauf eines Dampfers, Herstellung von Luftballons, die verschiedenen Systeme der Flugmaschinen, — das sind lauter Titel von Films, die für Lehranstalten und Vorträge von großem Wert sind. Für den naturkundlichen Unterricht gibt es Aufnahmen, wie: die Ameise, die Biene, von der Raupe zum Schmetterling, das Leben im Sumpfwasser, das Leben im Ei, wilde Vögel in ihren Nestern. Die medizinische Fakultät findet Anschauungsmaterial in kinematographischen Aufnahmen von von Operationen, wie solche verschiedentlich hergestellt worden sind.

Kinematographische Aufnahmen für Kunstschulen.

Für Kunstschulen werden Bewegungsstudien der Art von Wert sein, wie sie Muybridge und Anschütz schon vor 20 bis 30 Jahren schufen (vergl. die Darstellungen auf dem Lebensrad und in Fig. 15). Aufnahmen von schreitenden und laufenden Menschen und Tieren, von bewegten Gewändern, von der wogenden und brandenden See mögen die Beobachtung in der Natur trefflich ergänzen. Ja, während die wiederholte Beobachtung einer Bewegung in der Natur dadurch erschwert wird, daß beim zweiten und dritten Mal die Bewegung nicht die gleiche ist wie zuerst, indem Zufälligkeiten andere Formen hineinbringen, zeigt der Kinematograph, so oft man will, immer wieder genau denselben Vorgang ohne die geringste Abweichung. Ungestört kann der Künstler — Bildhauer oder Maler — sein Augenmerk auf einen bestimmten Moment konzentrieren, der ihn besonders interessiert: er weiß, daß dieser jedesmal gleichmäßig wiederkehrt. Schließlich steht es ihm frei, die Einzelbilder zu studieren und zu vergleichen.

Auch die Schauspielkunst sollte sich der Kinematographie bemächtigen, sollte sie zur Belehrung, namentlich angehender Bühnenkünstler, heranziehen und durch geeignete Aufnahmen — bedeutende Schauspieler in wichtigen Rollen sowie vorbildliche Aufführungen — Studienmaterial schaffen.

Der Kinematographenfilm als geschichtliche Urkunde.

Wiederholt hat man angeregt, kinematographische Archive anzulegen, und Anfänge dazu sind auch wohl schon gemacht worden. Denn manche der Aufnahmen, die wir heute als aktuell bezeichnen, werden als urkundliches Material von großem Werte für unsere Nachkommen sein: sie werden geschichtliche Begebenheiten in der richtigen Anschauung überliefern. Was würden wir darum geben, wenn wir berühmte Männer der Vergangenheit, wichtige historische Ereignisse im Lichtbilde aufleben lassen könnten! Vielleicht wird gar einmal das Wort des Witzblattes wahr, wonach der General vor der Schlacht ausruft: »Soldaten, seid tapfer, die Kinematographen der ganzen Welt blicken auf euch!«

Das lebende Lichtbild im Dienste der Reklame.

Erfolgreich hat man den Kinematograph — wenn auch einstweilen noch in geringem Maßstabe — in den Dienst der Reklame gestellt: der Geschäftsreisende zeigt den Interessenten im lebenden Lichtbild, wie eine neue Maschine arbeitet; Verkehrsgesellschaften lassen Ansichten der von ihnen befahrenen Gegenden vorführen. So konnte man einen schönen Film sehen, der die Reise eines Lloyddampfers von Bremen nach New York wiedergibt und der einem gar sehr den Mund wässerig macht, einmal mitzufahren. Die Southern Pacific Railway Company drüben benutzt kinematographische Bilder, die dort allenthalben gezeigt werden, um ihr Unternehmen bekannt zu machen. In Australien läßt man zahlreiche Aufnahmen herstellen, durch deren Vorführung Ansiedler aus Europa »geworben« werden sollen. — Es ist das ein Gebiet, das sich noch weit ausbauen läßt.

Der Kinematograph in der Wissenschaft.

Als Hilfsmittel bei wissenschaftlichen Forschungen wurde der Kinematograph bisher nur vereinzelt angewandt. Aber was der Apparat auf diesem Felde bereits geleistet hat, ist so beachtenswert, daß die Gelehrten ihn im Laufe der Zeit ohne Zweifel immer mehr heranziehen werden. So hat der französische Physiologe Marey, dessen grundlegender Arbeiten wir eingangs gedachten, schon vor mehr denn 20 Jahren die Kinematographie zum Studium der Bewegungsvorgänge bei Menschen und Tieren benutzt. Auch Professor Fischer gründete seine eingehenden Untersuchungen des Ganges und der dabei wirksamen Kräfte auf die Ergebnisse, welche die photographische Registrierung ihm geliefert hatte.

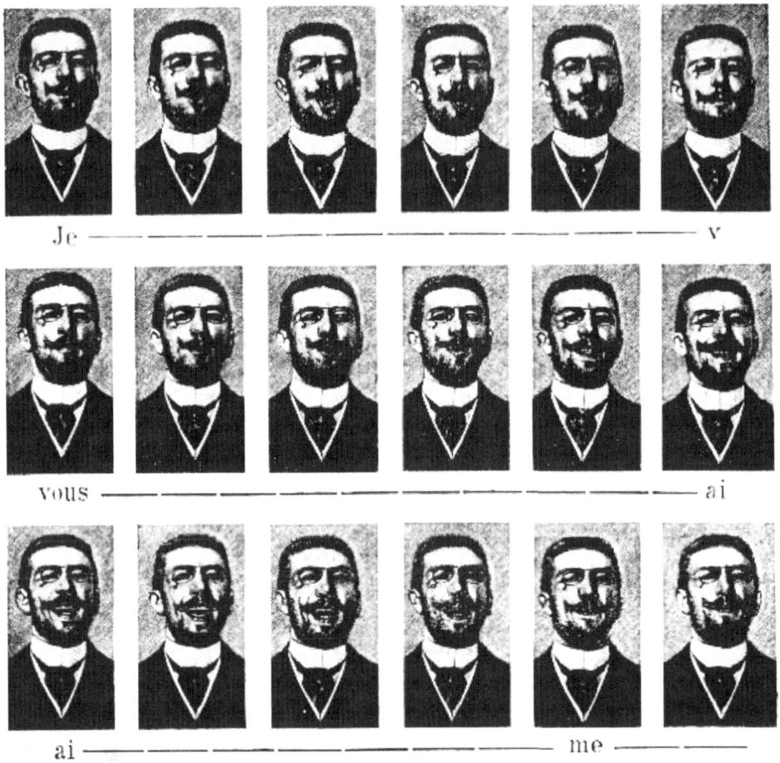

Fig. 53. »Photographie der Sprache«, Reihenaufnahme von Demeny.

Demeny, der verdienstvolle Mitarbeiter Marey's, machte Aufnahmen der Mundbewegungen sprechender Personen und wies darauf hin, daß derartige Bilderreihen für die Physiologie der Sprache von Wert seien und daß sie ferner brauchbares Lehrmaterial für Sänger und Taubstumme darböten. Figur 53 zeigt die Reihenaufnahme eines Mannes, der die Worte ausspricht: »Je vous aime«. Tatsächlich konnten Schüler einer Taubstummenanstalt, die gelernt hatten, von den Lippen zu lesen, diese Worte aus der Aufnahme verstehen, wenn sie als lebendes Bild mit dem Lebensrade oder auf dem Projektionsschirm gezeigt wurde. Die Abbildung ist auch historisch interessant, insofern als sie aus dem Anfangsstadium der Kinematographie stammt: sie wurde von Demeny im Jahre 1891 mit seiner gegen heute verhältnismäßig noch primitiven Apparateinrichtung unter großen Mühen hergestellt.

Ein anderes Anwendungsgebiet der Kinematographie beschritt Londe (ebenfalls zur Zeit Marey's), indem er krankhafte Bewegungen nervöser Personen in einer Anzahl von Bildern festhielt; es konnte dadurch eine sichere Unterlage für genaue Studien gewonnen werden.

Mit Hilfe kinematographischer Aufnahmen gelang es ferner, den Flügelschlag der Insekten zu erforschen. Die Fliege bewegt ihre Flügel so rasch, daß man nichts als ein Flimmern wahrnimmt; auch der beste Beobachter ist machtlos dagegen. Der Kinematograph indessen, mit großer Geschwindigkeit laufend, so daß er bis zu 1500 Bilder in der Sekunde aufnimmt, hält alle Phasen der Bewegung fest. Und wenn dann die gewonnenen Bilder mit normaler Geschwindigkeit — 15 in der Sekunde — auf den Projektionsschirm geworfen werden, so spielt sich dort der Vorgang hundertmal langsamer ab: mit Ruhe kann man nun das Auf- und Abgehen der Flügel und das Arbeiten des Flugmechanismus verfolgen. Umgekehrt hat man mit Hilfe des Apparates Bewegungen, die zu langsam vor sich gehen, als daß man sie zu übersehen vermöchte, künstlich beschleunigt. Auf diese Weise kann man das Wachstum der Pflanze mit dem Auge verfolgen. So wurde z. B. eine aufblühende Victoria Regia mit überaus geringer Geschwindigkeit — etwa alle 2 Minuten ein Bild — aufgenommen. In der Projektion der Aufnahme, die mit normaler Geschwindigkeit: 15 Bilder in der Sekunde — also 1800 mal rascher, erfolgt, sieht man dann den Vorgang, der in der Natur Stunden in Anspruch nimmt, innerhalb weniger Minuten sich abwickeln. Man verfolgt deutlich, wie die Knospenhüllen sinken, wie sich ein Blütenblatt vom anderen hebt, bis die herrliche Blume voll entfaltet ist, und wie sie alsbald wieder vergeht.

In gleicher Weise hat der französische Astronom Flammarion die Vorgänge am Sternhimmel, die sich während einer fast 16 stündigen Nacht abspielten, in 2 bis 3 Minuten zur Darstellung gebracht: es wurden, wie bei den Pflanzen, mit dem Kinematograph in gewissen Zeitabständen Aufnahmen gemacht, insgesamt 2000 bis 3000, und diese dann mit der normalen Geschwindigkeit projiziert. Da sieht man vom Sonnenuntergang an alle Bewegungen der Gestirne in etwa 400 facher Beschleunigung; man verfolgt, wie die Milchstraße erscheint, wie der Mond aufgeht und vor den übrigen Himmelskörpern vorbei zieht, wie der ganze Sternhimmel sich von Ost nach West dreht und wie endlich das Tagesgestirn aufsteigt.

Erfolgreich hat man den Kinematograph in Verbindung mit dem Mikroskop, ja sogar mit dem Ultramikroskop gebracht, das uns die feinsten Partikelchen zeigt. So wurden auf dem Film die Bewegungen der Blutkörperchen und ihr

Kampf mit den ins Blut eingebrachten Bazillen in außerordentlich starker Vergrößerung festgehalten. Man sieht, wie die Krankheitserreger über die roten Blutkörperchen herstürzen, um sie zu verzehren. Der Forscher kann hier mit Ruhe die Vorgänge verfolgen; aus den einzelnen Bildern solcher Aufnahmen vermag er die Zahl gewisser Blutteilchen, die sich mit der Art der Ernährung ändert, festzustellen.

Wellenbewegungen im Wasser, die ein Schiffskiel oder ein Propeller erzeugt, werden mit dem Kinematograph studiert. Daß man Spezialapparate zur kinematographischen Aufnahme fliegender Geschosse hergestellt hat, wurde schon erwähnt. Geheimrat Cranz konnte mit seinem Apparat, der 5000 Belichtungen in der Sekunde macht, die Vorgänge beim Abschießen einer Kugel aus einer Selbstladepistole untersuchen; er konnte damit ferner die Wirkung von Schüssen auf Knochen, Metallplatten, wassergefüllte Gummiblasen und Kugeln aus feuchtem Ton in einer Reihe von Bildern festlegen. Diese Bilder, von denen die Dresdener photographische Ausstellung 1909 interessante Proben zeigte, brachten wichtige Ereignisse: man sieht, daß eine beschossene, dünne Messingplatte schon durch den Druck der mitgerissenen Luft zerstört wird, ehe die Kugel selbst auftrifft; daß die Zersplitterung eines durchschossenen Knochen nach dem Durchschlagen des Geschosses weiter vor sich geht.

In neuerer Zeit ist es auch gelungen, kinematographische Röntgenaufnahmen zu machen; darunter hat namentlich eine Reihenaufnahme des Magens dem Mediziner neue wichtige Aufschlüsse über die Arbeitsweise dieses Organs gegeben. Mit Hilfe einer solchen Aufnahme hat man auch bei einem Magenkranken den Ort der Störung feststellen können.

Die Kinematographie in natürlichen Farben, dies schwierige Problem, ist neuerdings ebenfalls, wenn nicht vollkommen, so doch in praktisch recht zufriedenstellender Weise gelöst worden. Es harrt noch die stereoskopische Kinematographie der Lösung; sie wird uns dereinst, hoffentlich in nicht zu ferner Zeit, das lebende Lichtbild in greifbarer Plastik vor Augen führen.

Wirtschaftliche Bedeutung des Kinematographen.

Was die Kinematographie heute vorstellt, davon bekommt man einen Begriff, wenn man die Unternehmungen überschaut, die in ihrem Dienste stehen. Da sind zunächst — soviel man schätzen kann — 20000 Kinematographentheater, deren Besucherzahl täglich mehrere Millionen beträgt. Um diese Theater mit Bildmaterial zu versorgen, schaffen in die hundert Fabriken Tag für Tag gegen 500000 Meter Film mit einem Verkaufswert von einer Million Mark. Dazu kommen noch zahlreiche Werke, welche die mechanischen und optischen Bestandteile der Apparate herstellen. Kapitalien von vielen hundert Millionen sind in all den verschiedenen Unternehmungen festgelegt, viel' Hunderttausende finden darin ihr Auskommen. Wenn man bedenkt, daß die Kinematographie vor 15 Jahren als bescheidenes Kind an die Öffentlichkeit trat, so haben wir hier eine Entwicklung vor uns, wie sie wohl selten eine Industrie erlebt.